漫画 趣味物理
跟着大师学物理

❷ 流体力学、热学、声学

[俄] 雅科夫·伊西达洛维奇·别莱利曼 ◎ 著
朱若愚 ◎ 编译 蓝灯童画 ◎ 绘

文化发展出版社
Cultural Development Press

·北京·

图书在版编目（CIP）数据

跟着大师学物理．2，流体力学·热学·声学／（俄罗斯）雅科夫·伊西达洛维奇·别莱利曼著；朱若愚编译；蓝灯童画绘．— 北京：文化发展出版社，2023.12

ISBN 978-7-5142-4113-6

Ⅰ．①跟… Ⅱ．①雅… ②朱… ③蓝… Ⅲ．①流体力学–普及读物②热学–普及读物③声学–普及读物 Ⅳ．① O4-49

中国国家版本馆 CIP 数据核字（2023）第 203223 号

跟着大师学物理 ❷ 流体力学、热学、声学

著　　者：	[俄]雅科夫·伊西达洛维奇·别莱利曼
编　　译：	朱若愚
绘　　者：	蓝灯童画

出 版 人：宋　娜	责任校对：岳智勇
责任编辑：肖润征　杨嘉媛	装帧设计：言　诺
特约编辑：胡展嘉	责任印制：杨　骏

出版发行：文化发展出版社（北京市翠微路 2 号 邮编：100036）
网　　址：www.wenhuafazhan.com
经　　销：全国新华书店
印　　刷：河北炳烁印刷有限公司

开　　本：170mm×230mm　1/16
字　　数：313 千
印　　张：25
版　　次：2023 年 12 月第 1 版
印　　次：2023 年 12 月第 1 次印刷

定　　价：118.00 元（全 3 册）
ＩＳＢＮ：978-7-5142-4113-6

◆ 如有印装质量问题，请电话联系：010-68567015

目录

第一章 液体与气体的特性

两个咖啡壶 2
向上推的液体 4
哪一个更重？ 6
液体天然的形状 8
为什么弹头是圆的？ 10
没有"底"的高脚杯 12
令人讨厌的特质 14
不会沉入水底的针 16
泡沫是如何协助工程师的？ 18
假的永动机 20
吹肥皂泡 22
最薄的东西 28
不沾湿一根手指 30
没有重力的人 32
"永动"的闹钟 38
用筛子装水 40
一吨木头和一吨铁 42
本章科学小实验 43

第二章 热

十月铁路什么时候更长？ 46
逍遥法外的小偷 48
埃菲尔铁塔有多高？ 50
从茶杯到水位计 52
浴室里的靴子 56

目录

如何创造奇迹？ 58
自动上发条的时钟 60
加热与降温的技巧 62
密闭屋子里的风 64
神秘的旋转 66
冬天的外套能让你变得暖和吗？ 68
脚下的季节 72
纸锅 74
为什么在冰面上容易打滑？ 78
冰锥的形成 82
香烟的启发 86
本章科学小实验 87

第三章 声音和错觉

捕捉回声 90
声音如尺 94
声音反射镜 96
剧院里的声音 98
海底回声 100
为什么蜜蜂会发出嗡嗡声？ 104
蚂蚱在哪？ 106
耳朵耍的把戏 110
听觉错觉 112
本章科学小实验 113

参考答案 119

第一章

液体与气体
的特性

两个咖啡壶

图 1 展示了两个具有同样宽度的咖啡壶,其中有一个比另一个更高,那么请问哪一个能装更多咖啡?你可能会不假思索地回答:高的那个。然而,咖啡只能装到与壶嘴高度齐平的那个位置,

如果再往里面倒入更多咖啡的话,那咖啡就会溢出来。既然两个咖啡壶的壶嘴都在同一个高度,那么矮壶的容量和高壶一样,你很容易就能想明白原因。

> 咖啡壶的壶身和壶嘴是两个相连的容器,因此两者内的液面应该处于同一高度,即便壶嘴中的液体的重量比壶身里的液体重量要轻得多。

图 1 哪个咖啡壶的容量大?

所以你永远都无法将咖啡壶注满,除非壶嘴足够高,否则咖啡只会不停地溢出来。一般情况下,咖啡壶的壶嘴会比咖啡壶的顶部稍高一点,这样壶身略微倾斜时,里面的液体也不至于洒出来。

拓展延伸

连通器

上端开口，下端连通的容器。你可以仔细观察，咖啡壶的壶盖上是有小孔或缝隙的，不可能是完全密封，否则壶里面的液体是倒不出来的，因为壶口的大气压会封住壶内的液体。

图2 连通器

当连通器中注入同一种液体，在液体不流动时，各容器中的液面总是保持在同一水平面上，这是连通器的性质。要注意，这种性质和容器的形状没有关系，只要能构成连通器，那么容器中的液面就相齐平，如图2所示。

为什么连通器内液面总是相齐平的？这是因为连通器底部的压力与底部距液面的高度有关，连通器底部液体不流动，说明压力是处处相等的，那自然各处距液面的高度也相同了。

提问

想一想，生活中除了茶壶、咖啡壶，还有什么物品应用了连通器的原理？

向上推的液体

哪怕你从来没学过物理，也知道液体会向装着它的容器的底部和侧面施加压力。然而液体是否也会向上施加压力呢？当然也会，用一个普通煤油灯的灯罩就能很容易证实这一点。从一块既厚且硬的纸板上剪出一个能覆盖住灯罩顶部的圆形纸片，并将它盖在玻璃灯罩上，然后按照图3所示那样将灯罩浸入水中。为防止纸片在浸入水中时掉下来，你可以在纸片上系一根细线，这样你就可以用手拽紧它，或者就用手指把它按住。

当灯罩浸入水中足够深的地方后，你就可以松开细线或者手指了。然后你就会发现纸片仍会留在原处，它被水向上的压力固定住了。

图3 演示液体向上压力的装置示意图

要想达到良好的实验效果，纸片要选择密度小、重量轻一点的，这样水向上的压力能轻易将纸片托住。你甚至还可以测量这种向上的压力的大小。慢慢地向灯罩中倒入一些水，然后你就会发现，一旦灯罩中的水位与罐中的水位相齐平，纸片就会从灯罩上滑落。这是因为罐中的水施加在纸片向上的压力与灯罩中水柱施加的向下的压力抵消了，并且水柱的高度就等于灯罩浸入水中的深度。液体对于任何浸入其中的物体施加的压力都遵循这条定律。著名的阿基米德定律中说的，在液体中，物体的重量会减小，其背后原因正是这条定律。

如果你还有一些顶部大小相同但形状不同的煤油灯灯罩的话，你还可以测试另一条关于液体的定律：液体施加在容器底部的压力大小仅取决于容器底面面积的大小及液柱的高度，与容器的形状毫无关系。这个测试你可以这么做：取不同的灯罩，将它们浸入水中同一深度。为了确保不出错，你可以先拿几个橡皮筋，将它们捆在灯罩的同一高度上。然后就像第一次实验那样操作，发现每次当灯罩中的水面与罐中的水面齐平时，圆形纸片就会掉落。

所以不难发现，只要容器底部的面积及水柱的高度相同，哪怕容器形状不一样，容器中的水对纸片所施加的压力都是相同的。

图 4 探究液体对容器底部的压力与容器形状是否有关

这里还有个需要注意的地方，重要的是高度，而不是长度。倾斜的长水柱对底面产生的压力大小等于同样高度的短水柱，如图 5 所示，只要两个水柱的底面面积也相同。

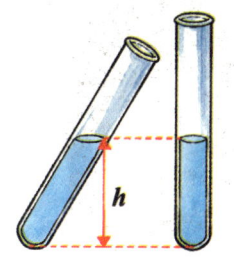

图 5 水柱的高度

提问

如图 3，有没有一种可能，当灯罩中的液柱高度与罐中水的高度不齐平时，纸片也下落了？如果有，请简述你是如何做到的。

哪一个更重？

将一个桶装满水，放在天平的一个秤盘上。然后在另一个秤盘上也放上同样的一桶水，但里面还放着一块木头。请问两者哪边更重？我问过一些人，他们的答案都不一致。有人说，装了木头的桶会更重，因为除了水之外，它还装了一块木头；其他人说没有木头的水桶会更重，因为水通常比木头重。但这两种说法都不对，两桶水的重量其实相同。第二个桶里装的水确实比第一桶的少，因为木头替换掉了一部分的水。

> 当一个物体被放入一个装满水的容器中并漂浮时，它所排出的水的重量就等于该物体自身的重量，这就是天平能平衡的原因。

图 6 哪个桶更重？

现在我们来试着解决另一个问题，拿一杯水来替换掉第一个实验中的其中一桶水，另一桶水依旧放在天平上，在水杯旁放上一个重物用来平衡天平。然后将重物放入玻璃杯中，会发生什么呢？根据阿基米德原理，<u>重物在水中的重量应小于它在天平秤盘上的重量</u>，所以水杯这边的秤盘会上升吗？

因为当重物被丢进玻璃杯中时，重物就**取代**[①]了一部分水，然后玻璃杯中的水面就会上升。这样就增加了水施加在玻璃杯底部的压力，而增加的压力刚好**弥补**重物减少的压力，因此天平仍旧是平衡的。

①重物进入水中，自身的体积会挤开相同体积的水。

图 7 判断哪一边更重

提问

如图 7，我们不把重物直接放入玻璃杯中，而是用细绳系住慢慢放入，问：当重物完全浸没在水中时，天平还平衡吗？为什么？

液体天然的形状

我们通常会认为液体没有自己的形状，但这并不是真的。

任何液体，本身的形状都是**球形**，但是因为有重力的影响，液体不会呈现出这种形状。当液体被装在容器中时，它的形状就是容器的形状，而如果液体被洒出来，那么它就会变成薄薄的一层。当液体被包裹在另一种与它具有相同密度的液体中时，那么根据阿基米德原理，液体在其中就会"**失去**"[①]重量，现在重力对它没有任何影响，因此就可以还原出液体本身自然的球状。

①重力和浮力相等，互相抵消了。

油滴聚集成了一个大球体，这个球体既不会上浮也不会下沉，而是悬浮在混合物中。但要想看到完整的球体，你应该选择侧壁平整的容器。

如果没有成功的话也不要感到沮丧，我们还能进一步改进这个实验。拿一根长棍或者一根金属丝**刺穿**油珠，然后开始转动，这样油珠也会参与旋转。如果提前将一片在油中浸泡过的圆形硬纸片插到棍子上，再将其浸入油珠中，效果会更好。纸片的旋转会迫使**大油珠变扁，逐渐形成一个圆环**。随着旋转加快，圆环**破裂**并产生出新的小油珠，这些小油珠还会继续围绕中心的大油珠旋转。

图 8 稀释酒精溶液中的油滴图

图 9 用棍子搅动油珠

比利时的物理学家普拉托是第一个进行此实验的人。当然，还有其他更简单但也同样具有启发性的方法，下面我们一起来看看。

首先拿一个小玻璃杯，用水将杯子冲洗干净，往里面倒入橄榄油，然后将它放进一个大玻璃杯的底部。接着往大玻璃杯中倒入酒精，酒精只要**刚好没过**小玻璃杯就可以了。最后再倒入水，执行这个步骤的时候你必须非常仔细，要用勺子让水慢慢沿着杯壁流下去。

不久你就会看到，小杯中的橄榄油开始膨胀，当大杯中倒入足量的水后，橄榄油会从小杯中浮出来，形成一个很大的油珠，**悬浮**在酒精和水的混合物中，如图10所示。

如果没有酒精的话，你还可以用苯胺来代替做这个实验。苯胺是一种液体，在室温下它比水**重**，但将它加热到75～85摄氏度时它就变得比水**轻**。因此通过控制水的温度，我们就可以使苯胺变成球形在水中悬浮。室温下，苯胺珠液就能悬浮在食盐溶液中。

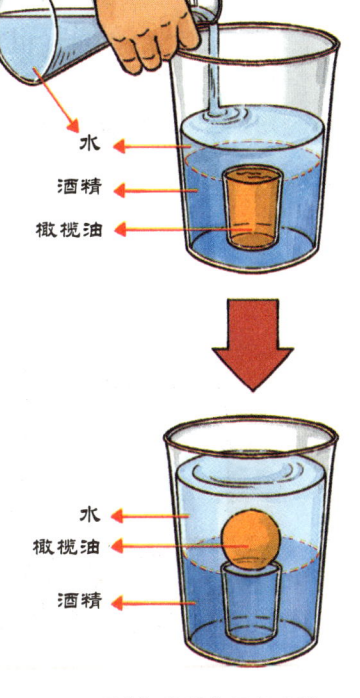

图10 简版普拉托实验

提问

如图10，我们在做简版普拉托实验时，需要让水慢慢沿着杯壁流下去，想一想，这么做的原因是什么？

为什么弹头是圆的？

就像上一章提到过的，当液体没有受到重力的作用时，它会呈现出其本身自然的球形。我们之前也说过，自由下落的物体是没有重量的，并且忽略掉物体刚开始下落时微不足道的大气阻力，因此下落的雨滴的形状应该也是球形。当受到外力时，比如说风，雨滴的迎风面会变得扁平，而其后端会继续保持球形，整体呈现出一端扁一端圆的形状。

> 雨滴只有在下落最开始的一段时间内在**加速**；到第一秒的后半段，雨滴的下落已经变成了**匀速运动**，随着雨滴加速而变大的空气阻力最终抵消了它的重量。

图 11 下落的雨滴

从理论上说，下落的雨滴确实是球形的。弹头其实就是由熔化的铅滴凝固后形成的"雨滴"。在制造弹头的过程中，人们会从高处将熔化的铅滴滴入水溶液中，在里面它们会凝固成球体。用这种方法制作出来的弹头也被称为"高塔"弹头，因为它们是从一个高塔的顶部滴下去的。

在塔的顶部有一个锅炉用于熔化铅，然后熔化的铅就会从这里被浇下去，浇到底部的水池中，这样制成的铅弹头最后还需要经过打磨。但其实熔化的铅是在下落的过程中凝固的，下面的水池是用来起到一个**缓冲**的作用，以免弹头完美的球形遭到破坏。（直径超过 6 毫米的子弹，也叫作霰弹，采用的是另一种工艺，工人将铅块切成小段，然后再将这些小段滚成球形。）

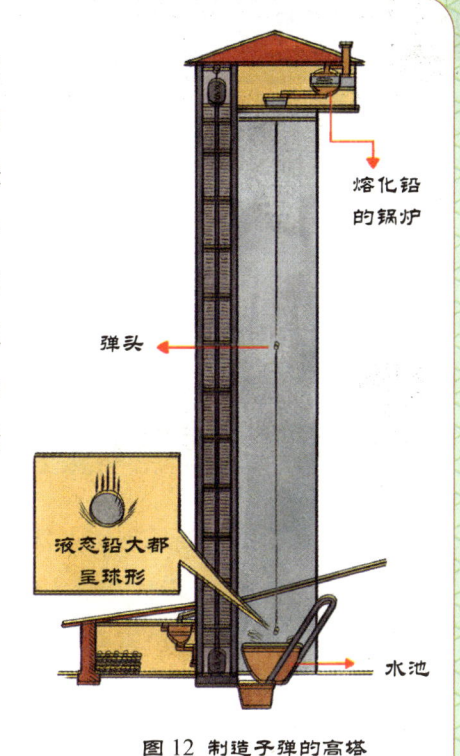

熔化铅的锅炉

弹头

液态铅大都呈球形

水池

图 12 制造子弹的高塔

这些塔通常都是 45 米高的金属结构。

一般圆形弹头的子弹用在手枪中居多，因为手枪多半是近距离使用，射程不是考虑的第一要素，它追求的是使敌人立即丧失还手的能力。所以手枪的弹头大多数呈钝形的圆头或平头，因为这样的弹头==截面积较大==，击中目标后能迅速将能量传递出去，从而增强杀伤力。

提问

大部分的步枪子弹都是尖头的，而不是圆头，想一想，这是为什么？

没有"底"的高脚杯

将一个高脚杯装满水，直至水面与杯沿齐平。你认为还能在酒杯中再放入几根大头针吗？不妨试试看。

> 放入大头针的时候不要忘了计数。

将大头针放进去的时候要注意，先抓住大头针的头部，将其尖端浸入水中，然后小心松开大头针。不要推它或者对它施加任何力，以免水从杯子中溅出。当你把大头针放进去后，它们会直接掉到杯子底部，但杯子中的水位没有任何变化。你放入 10 根，再 10 根，接着又 10 根，杯子中的水仍然不会溢出来。你甚至还能再继续，直到玻璃杯底部有 100 根大头针，始终没有水溢出来，水位也没有任何明显上升的迹象。

图 13 朝装满水的高脚杯中放大头针

还可以再继续增加大头针的数量，现在你甚至可以以百为单位进行计数。玻璃杯中现在可能有多达 400 根大头针，虽然水没有溢出来，但是你可以看到杯子的边缘处的水面有些凸出，超过了杯沿。这个难以理解的现象的答案就在此。因为水几乎不会弄湿玻璃杯，只要玻璃杯上有一层薄薄的油脂[①]，就像我们使用的所有瓷器和玻璃器皿一样，当我们用手指触摸时会留下这样的痕迹。既然水不会弄湿玻璃杯的边缘，因此被大头针排出的那部分水会在玻璃杯边缘凸起。但你很难看到如此微小的变化。如果你费力计算一根大头针的体积，再拿它与酒杯边缘上方凸起的 5.5 立方毫米水的体积作比较，你会发现大头针的体积比凸起的水的体积小了数百倍，这就解释了为什么一个装满了的酒杯仍然能再放进几百根大头针。

①油脂不溶于水，油脂能阻隔水层。

酒杯的杯口越宽，它就能装下更多的大头针，因为水面边缘会有一个更大的凸起，我们可以通过粗略的计算明确这一点。一根大头针的长度大约是 25 毫米，直径约为 0.5 毫米。利用计算圆柱体体积的公式 $\frac{\pi d^2 h}{4}$，可得大头针圆柱体部分的体积大约是 5 立方毫米。再算上大头针的头部体积，它的总体积应不超过 **5.5 立方毫米**。现在我们来计算一下这个水面凸起的体积。酒杯口的直径是 9 厘米，也就是 90 毫米，那么这样一个圆的面积大约是 6400 平方毫米。假设这个凸起的部分的高度不超过 1 毫米，由此可得凸起部分水的体积大约是 **6400 立方毫米**，也就是近乎大头针体积的 **1200 倍**。换句话说，一个装满水的酒杯可以装下一千多根大头针。

事实上只要我们足够小心，它们能占满整个酒杯，甚至有些超出了酒杯的边缘，水仍然没有溢出。

头部体积
0.5 立方毫米

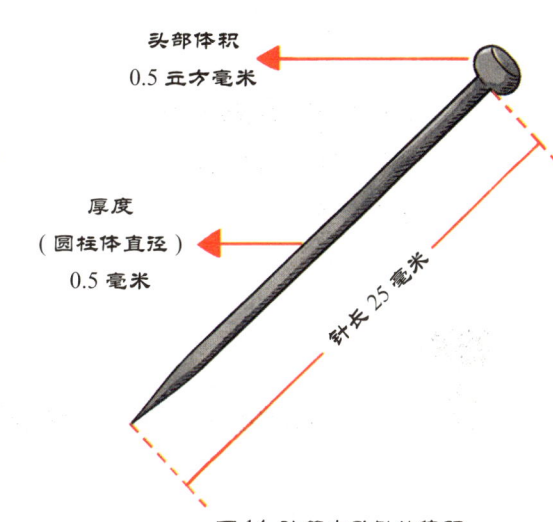

厚度
（圆柱体直径）
0.5 毫米

针长 25 毫米

图 14 计算大头针的体积

提问

我们还是假设装满水的水杯边缘水面凸起的体积是 6400 立方毫米，现在我们往杯子里放入一元硬币，猜一猜能放几枚？一枚一元的硬币厚度约 2 毫米，直径约 25 毫米，请通过计算验证你的猜想。

令人讨厌的特质

任何使用过煤油灯的人，应该都知道它会带来怎样令人讨厌的"惊喜"。你给它加满油，然后将外面擦干净，过了一个小时它又变湿了。你只能怪自己是不是没有把盖口拧紧，煤油才会从里面渗了出来。为了避免这种"惊喜"，你就只能尽可能地把盖口拧紧。不过在此之前，一定要注意不要将油壶装得太满，因为煤油的温度每升高 100 摄氏度，它的体积就会增加十分之一。

> 如果你不想让油壶爆炸的话，必须得留出一定的空间防止煤油受热膨胀。

图 15 煤油灯

> 煤油无色透明，不溶于水，易挥发且易燃。

对于那些需要使用煤油或汽油来发动的船舶来说，煤油的渗透性会在船上制造令人非常不愉快的体验。如果不采取相应的预防措施，那么这样的船舶将无法运输除煤油或汽油之外的其他货物，因为这些液体在储存罐中会通过察觉不到的裂缝渗出，弄得船上到处都是。遭殃的不仅是储存罐的金属表面，就连乘客的衣服上都会留下难以消除的煤油味儿。

试图与煤油的这种特质对抗的结果往往都是徒劳的。英国的幽默作家杰罗姆·K. 杰罗姆在他的书《三人同舟》中提到了石蜡油，它的性质与煤油非常相似。

我从没见过像石蜡油这样会渗透的东西。我们将它储存在船头，结果它从船头一直渗透到了船尾，沿路浸透了整条船及船上的货物，甚至还漏到了河里，破坏了周围的美景。无论从哪个方向吹过来的风，也无论这风是来自北极的雪地，或者沙漠的荒原，都裹挟着一股石蜡油的气味。

那油渗透出来，也毁了落日和月光，连它们都散发着石蜡油的气味……

我们把船停在了桥边，穿过镇子，只为躲避这个气味，但它紧紧跟着我们，整座镇子都被油浸透了。（事实上只是旅行者的衣服散发着石蜡油的气味。）

煤油这种能够湿润容器外表面的特性，使人们认为是容器密封性差导致的，显然这是不正确的。煤油之所以出现在盛装容器的外面，是因为<mark>这些容器内部存在我们看不见的细微缝隙</mark>，煤油的黏度小，表面张力小，能够迅速地渗透到这些缝隙中，并能够穿透这些缝隙，所以就出现了上述描述的现象。

提问

既然煤油的渗透性很强，那么你有什么方法，可以防止煤油渗透到盛装容器的外面？

不会沉入水底的针

让针漂浮在水面上，看似是不可能的，对吧？但实际操作起来并非实现不了，这可不是胡说的，接下来我将通过实验向你展示是如何做到的。你可以在玻璃杯中，放上一张香烟纸，在纸上面再放上一根针，但要保证针是**干燥**的。接下来采取以下的步骤将香烟纸移开：拿另一根针或大头针，慢慢地将纸条压入水中。当纸条被水浸透时，它就会沉下去，但针仍能浮在水面上，如图16所示。

> 你还可以试着在离水面某高度处拿一个磁铁，通过移动磁铁可以让漂浮的针旋转起来。

> 磁铁可以吸引铁、钴、镍等物质。

实验做多了，有了一些经验后，你就可以不用香烟纸了，直接用手让针漂浮在水面上，成功的概率也会大很多。具体方法是这样的，你可以尝试一下：用手指夹住针的中间位置，使它平行于水面，然后在**贴近**水面的位置将它轻轻放下。它就那样浮在水面上了，是不是很神奇？一次成功的概率小，可以多试几次，找到感觉后便容易许多了。

图16 让针浮在水面上

同样的方法，你还可以用大头针来做这个实验，但大头针的直径不能超过 2 毫米，也可以用轻质纽扣或者一些小的平面金属物品，它们都可以像针一样浮在水面，在你掌握了一些诀窍之后，就可以试试硬币了。

这些金属物体之所以能够浮起来是因为水几乎不会弄湿它们，当我们将金属物体拿起来的时候，会在金属表面覆盖上薄薄的一层手上的油脂，从而隔离了水层。我们知道，物体只要粘上了油，就很难再沾上水，因为水和油不能相融。你仔细观察，甚至还能看到水面被针压出来的凹陷，如图 17 所示。

> 水面凹下去后，为了恢复其原本的形状，水会产生向上的托力使针浮在水面，这个托力即为浮力，其大小等于针排开的水的重量。

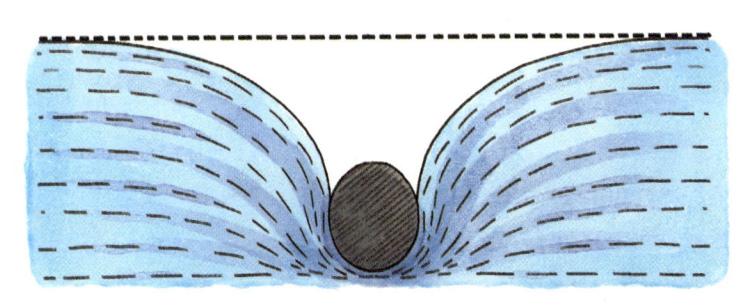

图 17 针的横截面和它在水面造成的凹陷

当然，如果让一根针裹满油脂，它就能够轻易地浮在水面上，也不需要像上述那样非常小心地操作了。

提问

实验完成后，针漂浮在水面上，那么我们在不触碰所有实验器材的同时，如何才能让针沉入水底呢？

泡沫是如何协助工程师的？

在采矿的过程中有一种方法可以提高我们采集到的矿石的精度，这种方法与之前让钢针漂浮在水面上的实验有些相似。其实工程师知道很多选矿的方法，但有一种称为"**泡沫浮选**"的方法是最好的，当其他方法都不奏效时，这种方法依然起作用。

"泡沫浮选"的过程如下：先将被磨成粉状的矿石倒入装满了水和油的槽中，其中油性物质能在金属粒子表面形成一层薄膜将其包裹住，以至于水无法将金属粒子润湿。然后将空气吹入水油混合物中，其中会形成许多微小的气泡。被裹上油膜的矿物粒子就会**粘**在小气泡上并浮出水面，就像热气球拉着下面的吊篮上升那样，而没有被油膜包裹的矿物杂质则无法附着在气泡上，因此会沉到水底。注意，因为泡沫内有足够的空气，因此它们有足够的力量使固体小颗粒浮起，最后几乎所有的矿物粒子都随泡沫一起上浮，如图18所示。

> 工人们只需将泡沫收集起来做进一步的处理，即可完成对原矿石的筛选过程，经过这样的处理可以从原始的矿浆中分离出矿物含量高了几十倍的精矿。

图18 矿物质随气泡上浮

浮选过程中，矿物的沉浮几乎与矿物密度无关，而是与其对水的亲和力大小有关。凡是与水亲和力大，容易被水润湿的矿物，难于附着在气泡上，因此很难上浮。而与水亲和力小，不易被水润湿的矿物，则容易上浮。因此可以说，浮选是以矿物与水的亲和力不同为基础的选矿方法。一般把矿物易浮与难浮的性质称为矿物的可浮性，浮选就是利用矿物的可浮性的差异来分选矿物的。

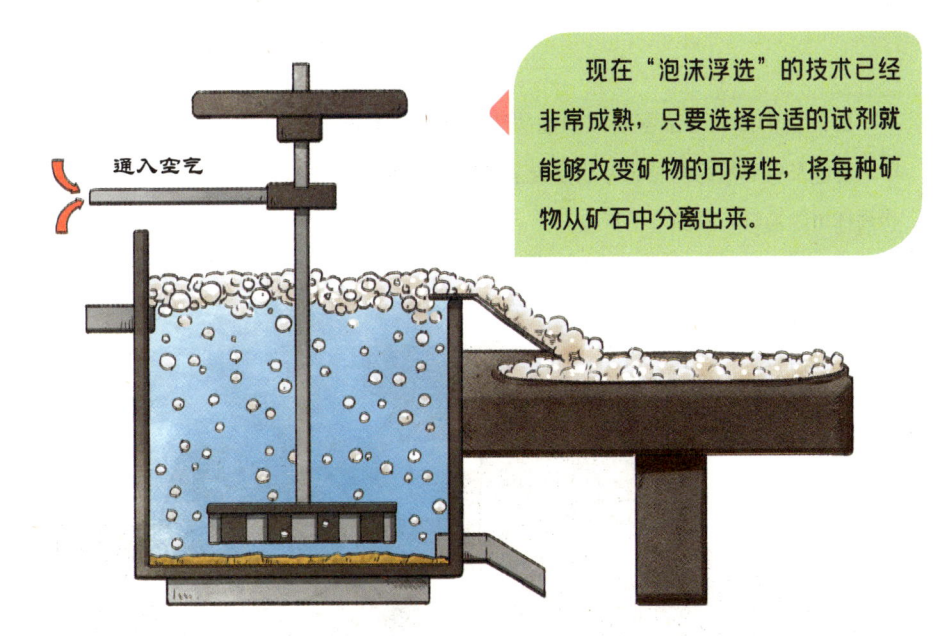

通入空气

现在"泡沫浮选"的技术已经非常成熟，只要选择合适的试剂就能够改变矿物的可浮性，将每种矿物从矿石中分离出来。

图 19 泡沫浮选装置示意图

事实上"泡沫浮选法"的诞生还多亏了一次偶然的事件。在 19 世纪末的某一天，美国的一位名叫凯丽·艾弗森的女教师在清洗粘满油脂的、用来装黄铜矿的袋子时，无意间发现了残留在袋子中的矿物粒子竟然和肥皂泡一起浮在了水面上，正是在这件事的启发下，才诞生了"泡沫浮选法"。

提问

除了用泡沫浮选矿物粒子，你还知道什么其他浮选的方法？

假的永动机

如图 20 所示的装置，有时被称为是一台真正的"永动机"。最底下的容器装着一些油，浸入油中的灯芯会将油吸到顶部的容器中。顶部的容器有一个出油口，被吸收到顶部的油就会从这个口出来，流到下面的浆轮上使其转动，然而流下去的油又会重新被灯芯吸收回顶部，如此不断循环。

> 即使我们假设底部容器中的油到达了上面的容器中，但既然灯芯能够将它们从底部吸上来，那上面的油也同样可以被灯芯吸回到下方去。

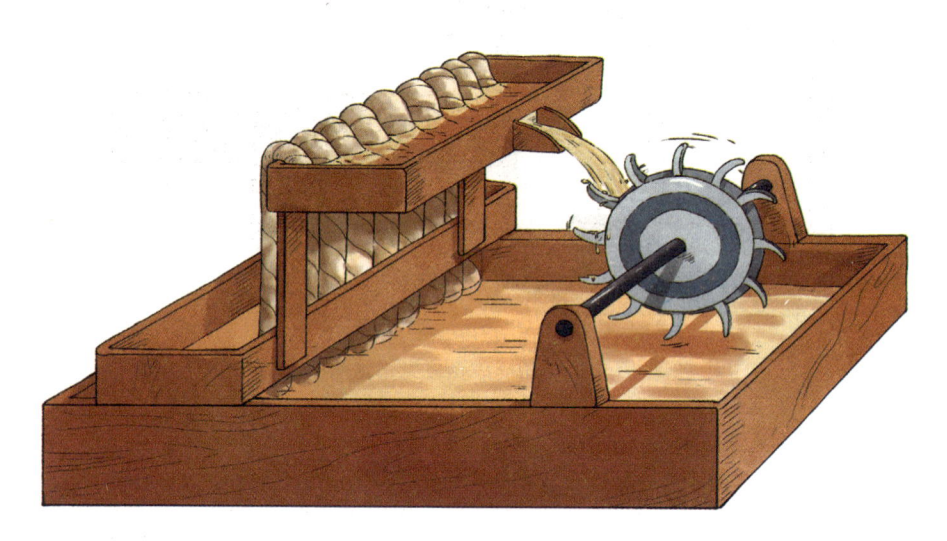

图 20 "永动机"设想

如果做出这番描述的人有花心思去将这个装置制作出来，那么他就会发现没有一滴油能够到达上面的容器，更不用说让轮子转动起来了。但其实不需要将这个装置做出来也能意识到这一点。为什么发明者会认为油能够从灯芯弯曲的顶端流出来呢？没错，毛细作用的确能克服重力使油从底部被吸上来，但同样的力也会阻止油从灯芯的顶端流出。

我们在上一段中提到的装置与由意大利的机械师斯特拉德在 1575 年发明的另一种用水力驱动的装置很相似，图 21 展示的就是这个有趣的装置。随着一台"阿基米德式"抽水机的转动，底下的水会被抽到上层的水箱中，再从中通过一个出水槽流到底部右侧的轮上，并推动了轮子旋转。轮子再驱动研磨机转动，通过几个齿轮带动"阿基米德式"抽水机工作，再次将水抽到上层水箱。

> 简单来说就是，抽水机带动了轮子的旋转，轮子再回过来驱动抽水机。

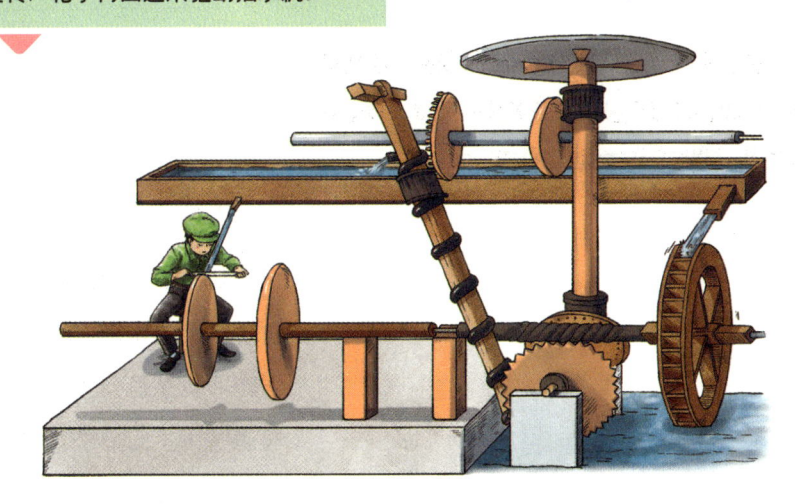

图 21 水力驱动的装置

如果这样的装置真的存在，最简单的难道不是挂一根绳子到一个滑轮上，然后在绳子两端绑上相同重量的重物吗？当其中一个重物下降时，它就会将另一端的重物提起，而后者下降时又会提起第一个重物。这不就是一个很好的"永动机"的例子吗，但根本不可能实现。

提问

你能解释刚才描述的滑轮"永动机"，为什么不可能实现吗？

吹肥皂泡

你知道应该怎样吹肥皂泡吗？这并不像看起来的那么简单。我原本也以为吹肥皂泡并不需要什么特别的技巧，直到我发现吹出一个又大又漂亮的肥皂泡也是需要经验的，从某种程度上说这是一门艺术。可是真的有必要花时间去做这个看似有些傻的事情吗？在外行人看来，这是玩物丧志，但是物理学家们有不同的看法。伟大的英国物理学家开尔文说过："吹一个肥皂泡并且观察它，你会用毕生之力研究它，并且由它引出一堂又一堂的物理课。"

> 在日常生活中，我们经常会见到有人吹肥皂泡，但我们却很少去仔细观察这一现象，也没有仔细想一想肥皂泡是如何形成的。

如果你仔细观察，会发现它真的很有趣，并从中学到很多东西。实际上，肥皂泡薄膜上五彩斑斓的颜色能够帮助物理学家测量光的**波长**，而对薄膜张力的研究则能帮助物理学家归纳粒子之间的作用力的规律。如果没有这些**内聚力**的作用，那么我们现在生活的世界将只剩下微尘。

图 22 吹肥皂泡

接下来我将介绍的几个实验，并没有严肃的目的，但是它可以教你如何让吹肥皂泡这件事变得更有趣。英国物理学家查尔斯·波易斯在他的著作《肥皂泡和形成它们的力》中就详细描述了很多和肥皂泡有关的实验。

拿一块普通的洗衣皂就可以做这些实验，但是不太推荐使用香皂，或者也可以使用纯的橄榄油或杏仁油制作的香皂，要想吹出又大又漂亮的肥皂泡，这些是最佳的选择。

图 23 用吸管吹肥皂泡

若在阳光充足的地方，你会看到肥皂泡表面五彩斑斓，这是光线经过液膜发生干涉所产生的，并且厚度越不均匀的肥皂泡，色彩就越丰富。

先拿一块肥皂溶解在纯净的冷水中，制成**浓稠的肥皂水**。除了冷水，使用纯净的雨水或融化的雪水是最好的，也可以用凉白开来代替。为了让肥皂泡保持长时间不会破，物理学家普拉托建议往每三份肥皂水中添加一份甘油。甘油是一种透明、无色、无味的液体，常用于制作化妆品和药品。将少量甘油加入肥皂水中，可以增加泡泡的黏性和弹性，使其更加耐久。不过需要注意的是，甘油的添加量不能太多，否则会影响泡泡的稳定性。

拿一个小勺将混合液的浮沫撇掉，取一根大约 10 厘米长的吸管，在底部切出一个**十字形的豁口**，将其插入肥皂溶液中，充分浸透它的末端。

接下来你需要这样来测试你的肥皂水是否合格。先将管子垂直插入肥皂水中，让它末端覆盖上一层薄膜，然后在吸管的另一端轻轻地吹气。

现在肥皂泡内充满了我们吹出的比空气更轻的暖空气，因此当你吹出了直径 10 厘米左右的肥皂泡时，它就会立即飘起来。如果你无法吹出这么大的肥皂泡，那就只能往溶液里多加点肥皂了，直到能吹出来为止。但这还不够，还有一个测试需要通过。在你能吹出大的肥皂泡后，用蘸了皂液的手指试着戳一下它。如果破了的话，还是得往溶液中加入更多的肥皂。如果没有破，你就可以继续完成剩下的实验步骤了。做这个实验必须要缓慢且谨慎，不能过于匆忙。另外房间里的光线要充足，否则你就看不到肥皂泡的彩虹色泽了。下面有趣的实验就要开始了！

1. 在肥皂泡中的花朵：将肥皂溶液倒入一个托盘中，大约倒入 **3 毫米** 的深度，在盘的中间放上一朵花或者一个小花瓶，用一个玻璃漏斗将其罩住。慢慢地把漏斗拿起来，同时往漏斗里吹气。直到肥皂泡变得足够大的时候，如图 24 所示，将漏斗**倾斜**过来，并释放出肥皂泡。然后你就能得到被一个透明又五彩斑斓的半球形肥皂泡罩住的花或者花瓶。

注意，要想看到美丽的肥皂泡，一需要光线充足，二需要一定的耐心。

用肥皂泡将花朵包裹住　　　　用肥皂泡将花瓶包裹住

图 24 用肥皂泡将物体包裹住

吸管需要沾些肥皂水再去刺穿，目的是不破坏肥皂泡的表面张力。

你还可以用一个小雕像来代替花朵，然后给小雕像戴上一个小肥皂泡。要想像图中那样在雕像头顶吹出一个小肥皂泡，你需要先在雕像头顶洒上一些肥皂水。先吹出大肥皂泡之后，用一个吸管刺穿它，在大肥皂泡里面将小雕像头顶的小肥皂泡吹出来。

大肥皂泡套住雕像，雕像头顶还有小肥皂泡

一个一个叠套的肥皂泡

图 25 叠套在一起的肥皂泡

2．嵌套在一起的肥皂泡：拿出你刚才用过的漏斗，像之前一样先吹出一个大肥皂泡。然后拿吸管沾取一些肥皂水，用沾有肥皂水的那端轻轻穿过大肥皂泡，在其中间吹出第二个肥皂泡。先不用取出吸管，你还可以重复同样的步骤在第二个肥皂泡中吹出第三个肥皂泡，接着再吹第四个。

3．圆柱形的肥皂泡：为了做这个实验你需要准备两个金属圆环。先在其中一个圆环上吹出一个肥皂泡。然后将第二个金属圆环润湿后轻轻放在肥皂泡的顶部。将两个金属圆环往反方向拉，直到肥皂泡变成圆柱形。

25

但是要注意，如果两个圆环之间的距离**超过**了圆环的周长的话，肥皂泡圆柱的中间就会开始收缩，两端膨胀，直到分裂成两个肥皂泡。之所以收缩是因为，中间气泡体积增大，气压变小，外面大气压大于气泡内气压。直到分裂成两个气泡，气泡内外气压重新相等，保持平衡。

图 26 圆柱体肥皂泡的制作方法

肥皂泡的薄膜始终处于有张力的状态，并且对里面的空气施加压力。如图 27 所示，将漏斗较窄的那一端凑近蜡烛的火焰时，你就会发现这种薄膜的张力并不是那么微不足道的，火焰会明显地摇摆不定。

图 27 被肥皂泡薄膜推开的空气晃动烛火

还有一个有趣的现象，如果将肥皂泡从一个暖和的地方带到一个寒冷的地方，它的体积明显会**缩小**。但反过来，如果你将肥皂泡从一个寒冷的地方带到一个暖和的地方，根据"热胀冷缩"的原理，里面空气的体积就会变大。如果你在零下 15 摄氏度的严寒吹出了一个体积约为 1000 立方厘米的肥皂泡，然后再把它带到 15 摄氏度的房间里，它的体积大约会增加 110 立方厘米（$1000×30×\frac{1}{273}$）。

我必须指出，肥皂泡并不像人们通常认为的那样，存在的时间很短。只要经过小心地处理，它可以保存十天左右，甚至更长。因研究气体液化而闻名的英国物理学家詹姆斯·杜瓦，曾将肥皂泡放进特制的瓶子里保存，避免它受到**灰尘、干燥**和**空气振荡**的影响，他成功地将一些肥皂泡保存了一个多月。还有人用钟形玻璃罩将肥皂泡保存了数年之久。

拓展延伸

肥皂泡的破裂主要由三个因素造成

1. 肥皂水被重力往下拉，造成顶部越来越薄，底部越来越厚，由黏度高的肥皂水吹出的肥皂泡不容易破裂，寿命更长。

2. 肥皂水在空气中会蒸发变薄，通过混入甘油或保存在高湿度的空气中，可减少水分的流失，使肥皂泡寿命更长。

3. 碰到异物会破坏肥皂泡的表面张力，使肥皂泡容易破裂。为避免这种情况发生，可以将异物表面用肥皂水浸湿，这样接触就没事了。

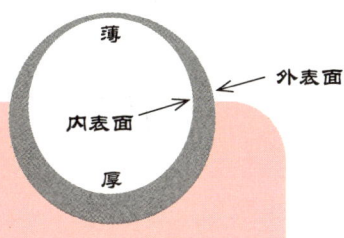

图 28 肥皂泡薄膜实际形状

提问

你仔细观察就可以发现，吹出的肥皂泡是先上升，后下降的，你知道这是为什么吗？

最薄的东西

其实没有多少人知道，肥皂泡是我们肉眼能看到的最薄的物质之一，我们通常用来形容一个东西很薄的比喻，"像一根头发丝一样细"或者"像一张香烟纸一样薄"，其实这些东西和肥皂泡薄膜比起来都要厚得多。

肥皂泡薄膜的厚度大约是头发丝和香烟纸的**五千分之一**。假如说将一根头发丝放大 200 倍的话，那它大约有 1 厘米厚。

如果我们按照同样的倍数将肥皂泡薄膜的横截面放大 200 倍的话，还是很难看得到它。我们不得不再将它放大 200 倍，才能看到它的横截面变成一条细线。

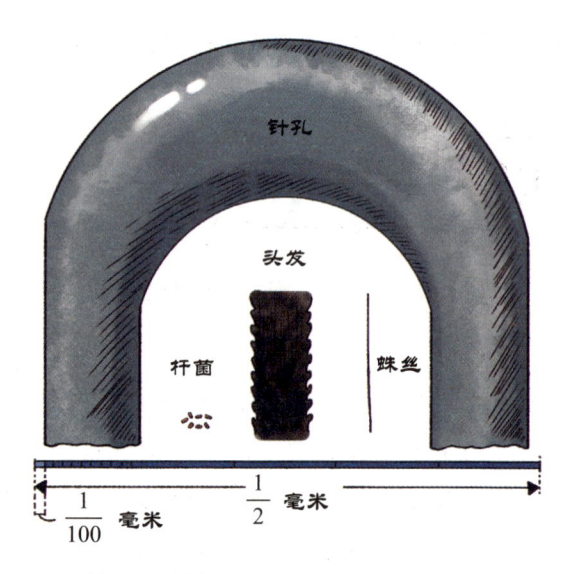

图 29 放大 200 倍的针孔、杆菌、头发和蛛丝

如果将一根头发丝放大 40000 倍的话，那都超过 2 米粗了。

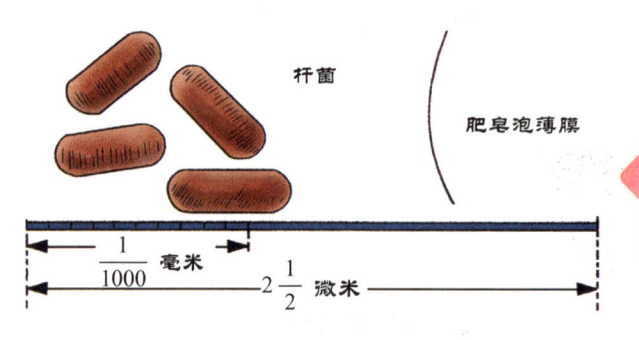

图 30 放大 40000 倍后的杆菌和肥皂泡薄膜尺寸对比

拓展延伸

石墨烯

其实石墨烯的发现过程很简单,所用的工具就是再平常不过的胶带!将石墨片粘在胶带上,撕开胶带,再将胶带对折、再撕开,不断重复,直到石墨越来越薄,到最后得到了仅由一层碳原子构成的薄片,这就是石墨烯。

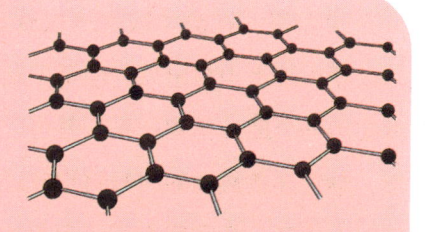

图 31 石墨烯中由碳原子构成的单层片状结构示意图

石墨烯有两个"最"。

最薄:厚度仅为 A4 纸的百万分之一,约 335.4 微米,是目前发现的最薄的材料。

最坚韧:拉伸度可达自身尺度的 20%。将一块 1 平方米的石墨烯制成吊床,本身重量不足 1 毫克,却可以承受一只重 1 千克的猫。

科学家预言石墨烯将彻底改变 21 世纪,极有可能掀起一场席卷全球的颠覆性新技术、新产业革命,让我们一起拭目以待!

提问

从文中的描述,你能算出肥皂泡薄膜的厚度吗?

不沾湿一根手指

拿一个大盘子，在盘中放上一枚硬币，然后倒入足够没过硬币的水，这时让你把硬币从水中拿出来，但手不能被沾湿，这听起来就不太可能，对不对？其实用一个玻璃杯和一张纸就可以很简单地解决这个问题。取一张纸，将它点燃，趁它还在燃烧的时候将它放进杯子中。然后**迅速**将杯子倒扣在盘子上。等到火灭了，杯子里充满了白色的烟雾，所有的水都流到了玻璃杯下面！再过一两分钟等到硬币干了，你就可以将硬币取走了，还不沾湿手指。

那么是什么力量将水吸引到了杯子下面，并将水面维持在一定的高度？其实就是**大气压力**。燃烧的纸加热了杯子中的空气，增加了里面的气压并将一部分空气排了出去。等纸烧完，杯子里的空气冷却下来，杯子里的气压变得更低了。由于杯子外部的大气压更大，因此它将盘子里的水全部**推**到了玻璃杯下面。

或者将火柴塞到软木塞上，可以代替纸来做这个实验。

图 32 在不沾湿手指的情况下取走硬币

这个实验最初是由生活在公元前 1 世纪的拜占庭（现土耳其的伊斯坦布尔）物理学家菲洛提出并正确进行了解释，但关于这个古老的实验，目前还存在着一个普遍错误的解释。一些人认为水会流进杯子里是因为杯子里的"氧气被烧尽了"，这就是杯子里的气体减少了的原因，但这种说法完全错误。

　　水会流进玻璃杯里是因为杯子里面的空气被加热了，并不完全因为氧气被燃烧的纸消耗掉了。你可以用以下实验来验证这个说法。你可以不用燃烧的纸，通过将热水倒入杯子中将杯子加热也会有一样的效果。或者也可以用一团沾满了酒精的棉球来代替纸，它燃烧的时间更长，加热空气的效果会更好，最后水几乎可以上升到**杯子中间**的位置。

别忘了，氧气在空气中只占到了五分之一的体积，比起消耗掉的氧气，燃烧中产生的二氧化碳和水蒸气也能弥补被消耗的氧气的体积。

图 33　用酒精棉代替纸效果更好

提问

　　将点燃的纸片放入玻璃杯中，然后将玻璃杯倒扣在装水的盘子中，你会发现水聚集到玻璃杯中，为什么会发生这种现象，你能解释吗？

没有重力的人

尽管我们经常听到轻如鸿毛这么个比喻，但实际上羽毛可比空气重上几百倍。这是因为羽毛的**面积**足够大，使得它在空中漂浮时受到的空气阻力能够支撑它的重量。能够摆脱重力的束缚，变得比空气还轻，并自由地翱翔于空中，一直是许多孩子甚至是成年人的梦想。但他们忘了，我们能够轻松地行走也是因为我们比空气重。

托里拆利[①]曾经说过："我们生活在一个空气海洋的底部。"如果哪天我们的体重突然减为原来的 $\frac{1}{1000}$，变得比空气还轻，那我们必然会飘到这个"空气海洋"的顶部。我们会上升数英里，直至空气更稀薄、密度与我们的身体相同的区域。

①意大利物理学家兼数学家，以发明气压计而闻名。

尽管我们已经挣脱了重力的束缚，但却实现不了在山顶和山谷上自由飞翔的梦想，因为这时就会受到另一种的力的捕获——**气流的力量**。气流其实就是高空中的强风，假如飞机在平流层飞行，虽然是在高空，风力也比较强，但风向稳定，对飞行影响不大。若强对流气流突然出现，风向出现突然的改变，对飞机的稳定飞行会有很大的影响，更何况高空中的人。

图34 自由飞翔的人

赫伯特·乔治·威尔斯就写过这么一个故事，有一个非常胖的人叫作派克拉夫特，他想要减掉他的体重。小说的主人公有一种神奇的配方，可以帮助人们减掉多余的体重。派克拉夫特就根据配方做出了一份药剂并喝了下去，然后接下来发生了这样的事情：

> 有很长一段时间门都没有被打开过了。
>
> 我听见了钥匙转动的声音，然后是派克拉夫特的声音："进来吧。"
>
> 我转动了门把手，打开了门。我本来期待着见到派克拉夫特。
>
> 嗯，但是，他并不在屋子里。
>
> 我这一生中从未有过如此令人震惊的体验，他的客厅一片混乱，书籍和文具之间散落着盘子和餐具，还有几把打翻了的椅子。但是派克拉夫特在哪儿呢？

图35 天花板上的派克拉夫特

> "没事，老兄，先把门关上。"他说。这时我才发现了他。
>
> 他就在门口旁靠近墙角处的天花板上，就像有人把他粘到了天花板上似的，他满脸焦急又充满了愤怒。
>
> 我关上了门，退后了几步，盯着他。
>
> "如果胶带松了，你摔了下来，那可是会摔断你的脖子的。"

我这么和他说。

"我倒是想下来。"他喘着气说。

"你这个年纪，还有这个体重，总不会在做什么体操吧！"

"别说了。"他看起来十分痛苦。

"我会告诉你的。"他比画着手势。

"你到底是怎么做到待在上面的？"我问道。

就在此时，我才突然意识到，他并不是靠什么力量支撑着他，他就像一个充满气的气球飘到了那个位置。他挣扎着想将自己从天花板上推开，沿着墙壁爬到我这边来，一边爬还一边喘着气："都怪那张药方。"

说话间他无意抓到了一个画框，结果画框掉向沙发，他又向上飞去，并狠狠撞在天花板上。这下我知道他身上的白色是怎么来的了。他小心翼翼地又做了一次尝试，沿着壁炉架往下爬。

这真是个非常奇怪的场景，一个巨大、肥胖、满脸愤怒的人正倒挂在天花板上并努力尝试从上面下来。他说："那个配方，太成功了。"

"怎么回事？"

"我完全失去重量了呀。"

我这才理解了现状。

"天哪，派克拉夫特，"我说，"你需要的是治疗肥胖的配方，可你总是说重量，而不是体重。"

不知为何我却感到十分高兴。"让我来帮你吧！"我说着抓住了他的手，把他拽了下来。他双脚乱蹬，想找个能落脚的地方。于

图 36 拽住派克拉夫特

我而言，这感觉十分像在大风天举着一面旗子。

"那张桌子，"他指着，"是桃花心木的，非常沉，你可以把我塞到那下面去……"

我按照他说的做了，他像一个被困住的气球在桌子下滚来滚去，我就站在炉边地毯上继续和他说话。

"有一件事你需要特别注意，"我说，"就是你绝对不能跑到外面去，一旦你出了这道门你就会一直往上飘了。"

我觉得他应该试着适应现在这个新处境。于是我们谈到了真正实际的部分。我建议他先练习怎么用手帮助他在天花板上行走。

"可是我没法睡觉啊。"他说。

我们还想出了一个巧妙的方法，可以让他随时下来，也就是在敞开的架子顶部放上一套《大英百科全书》（第十版）。他只需要拿上其中一两本，书的重量就能将他坠下来。我们还商定好在房间的墙角线边装上一些铁栓，这样他就可以抓住这些铁栓在房间的下层四处移动了。

我坐在他的炉子边，喝着他的威士忌，派克拉夫特正靠在他最喜欢的天花板角落处，将一条土耳其毯子钉上去，有一个想法突然在我脑海中冒出来。"天哪，派克拉夫特！"我说，"咱们完全没必要把事情搞得这么麻烦。"

他还没来得及对我的话做全面思考之前，我就脱口而出了："用铅做内衣。"

派克拉夫特听到我的话高兴得差点哭出来。"能再次正着站立吗？"他问。我将我的想法全部告诉了他。"买一些铅片，"我说，"将它们压扁然后缝在你的内衣上，直到你满意为止。再穿一双铅底的鞋，背一个装有实心铅的包，这样就可以搞定了！比起在屋里当一个囚犯，有了这些你就可以出门了，派克拉夫特，你甚至还可以旅行！"

我还想到了一个更好玩的场景，"你再也不用担心会不会遇到船难了，你只需要将一些衣服脱掉，拿上必需的行李，然后到处漂就行了……"

乍一看这些情节似乎都符合物理学定律，但还是能从上面的描述中找出一些破绽。首先，即使派克拉夫特失去了重量，他也不会飘到天花板上。根据阿基米德定律可知，派克拉夫特能飘起来的前提是，只有在他的衣服连同他口袋里的所有东西的重量，小于他身体排开的空气的重量。我们可以简单地计算下这部分被排开的空气的重量是多少。一般来说，人体的密度与水的密度差不了多少，如果一个人的体重是 60 千克，通常水的密度是空气的 770 倍，所以一个人排开的空气的重量仅有 78 克左右。

然而无论派克拉夫特有多重，他都不太可能超过 100 千克。所以他排开的空气重量不会超过 130 克。毫无疑问他身上的衣服、鞋、手表、钱包等所有物品的重量都可以轻松超过这个数值，所以派克拉夫特应该一直待在地板上。他可能会感到有些站不稳，但肯定不会像个球一样飘到天花板上，除非他赤身裸体才有可能。在穿着衣服的情况下，他就像是一个被绑在了弹跳球上的人，稍微使点力，小小地跳一下，他就能飞到空中了，但总会平稳地降下来，当然如果没有风的话。

提问

如果你失去了重量，而你的衣服却没有，你会飞起来吗？

图 37 失去重量的人能否飞起来？

"永动"的闹钟

在前面的章节中你已经了解到永动机及发明这类器械的各种徒劳尝试，现在由我来向你介绍一种叫作"免费能源"的机器，因为它能够在没有人工干预的情况下无限期地工作，它能从自然界无穷无尽的能源中汲取动力。各位应该都见过气压计吧，无论是水银气压计还是无液气压计。水银气压计里面的水银柱会根据大气压的变化升高或者降低，而在无液气压计中，则是通过大气压来控制箭头的摆动。

有一位18世纪的发明家利用了这一原理，制作出了一座永远不会停下来的机械时钟。

> 1774年，著名的英国机械师兼天文学家詹姆斯·弗格森看到这座时钟时，他是这样描述它的："它是利用气压计里水银柱的升降来驱动的，我们完全没有理由去怀疑这台时钟会不会停下来，即使将气压计拿走，它积攒的动力也已经足够支撑它再走一年了。不得不说，在所有我详细检查过的器械中，这座时钟是我见过的最聪明的设计。"

图 38 不会停下的时钟

不幸的是，这座时钟被偷走了，也没人知道它最后变成了什么样子。万幸的是，弗格森画下了几幅时钟的图纸，我们才能将它复制出来。

这座时钟由一个大型的水银气压计组成，150千克重的水银被分装在两个玻璃容器中，分别是一个玻璃壶和一个长颈瓶。两个容器都被悬挂在一个架子上，并且可以分开移动，其中长颈瓶的口被倒插进玻璃壶中。当大气压升高时，时钟上有一个设计巧妙的杠杆系统，它会使长颈瓶下降，玻璃壶上升。当大气压下降时，则是相反的情况，长颈瓶上升，玻璃壶下降。这样就会迫使时钟上的小齿轮始终朝着==一个方向==转动。==只有在大气压稳定时，它才会停止转动==。然而在这段时间间隔中，重物在平时积累的势能还会继续推动这座钟运行，重物无论升降都能将时钟的发条上紧，由此可见古代的钟表匠多么心灵手巧。他还设计了一个特殊装置，当由于大气压的变化产生的能量==超过==了驱动时钟需要的能量时，重物会在下降到底部之前就被抬上去，这个装置能定期切断重物的能量来源，以免重物没完没了地上升。

　　这种"免费能源"的机器和"永动机"有着本质上的区别。能量是无法凭空生成的，然而这却是那些"永动机"的发明者想要达到的目标。但在上述的例子中，==时钟其实就是将从周围的大气中获得的能量转化成了自身的动能==。不过有一点需要说明的是，这种机械的制造成本与得到的能量相比，完全不成正比，所以现实中无法推广使用。

提问

"永动机"和"免费能源"机器之间有什么区别？"免费能源机器"能被制造出来吗？

用筛子装水

用筛子装水,我们知道,在生活中应该是不会发生的事情,也许只有在童话中才能做得到,可你也不要气馁,只要掌握一定的物理学知识,你也可以完成这个看似不可能完成的任务。下面我们就来做一个实验,看看如何用筛子来装水。

> 准备一个直径6厘米、孔径1毫米左右、用金属材料制作的网筛。注意,筛子上面的孔隙可以让一根大头针自由出入。

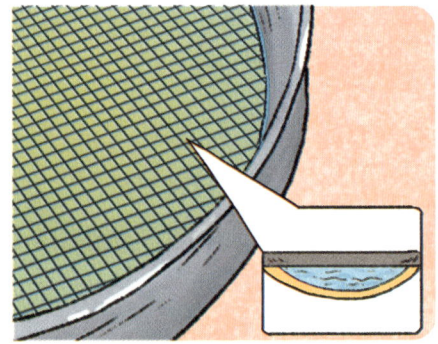

图 39 覆盖了一层石蜡油的网筛

将它浸入熔化的石蜡油中,这样网筛的孔隙上就会覆盖一层薄到几乎察觉不出来的石蜡油膜。现在你可以用它来盛水了,还能盛不少,只是在往里面舀水的时候注意,动作不要太大,避免筛子受到振动,油膜破裂。

油膜具有一定的强度,具有抵抗压力不破裂,并能保持足够油膜厚度的能力,一般油膜的厚度和油的黏稠度有关。油越黏稠,油膜的厚度越大,流动越缓慢;反之厚度越小,流动越迅速。大家在做这个实验的时候可以用黏稠度大一点的石蜡油,效果更好。

为什么水不会滴下来呢？因为水无法润湿石蜡油，因此它形成了一层薄膜顺着筛子的孔凸出来，而正是这层薄膜阻止了水从筛子中滴下去。另外这种涂满了石蜡油的筛网甚至还能在水上浮起来，因此你不仅能拿它来装水，还能将它当作船来使用。

这个看似互相矛盾的实验却向我们解释了一些我们习以为常，但是没有仔细思考过的现象。比如说木桶和船上涂抹的柏油，用脂肪抹过的软木塞和瓶塞，用油漆涂满屋顶，或者在布料上添加橡胶涂层，其目的都是为了防水。

油性防腐颜料有着很好的防锈防腐蚀效果，不容易被水浸润和氧化，可以用于一些金属、木材等物体的表面，将油性漆涂在这些材料的物体的表面，可以形成一层致密的保护膜，起到很好的保护物体的效果。其颜色靓丽、光泽度好、漆膜饱满，还被当作许多物体的装饰材料。

图40 能够防水的雨伞、雨衣、雨鞋

提问

除了在物体表面涂抹油性物质来防水，还有什么其他防水的办法？

一吨木头和一吨铁

一吨木头和一吨铁哪个更重？一些草率的人会说，一吨铁更重，然后引得周围人哈哈大笑。但如果说一吨木头更重，那提问者就会笑得更厉害了。阿基米德定律不仅适用于液体，也适用于气体。物体在空气中损失掉的重量，等于与物体体积相同（也就是气体中被物体占据的体积）的气体重量。因此无论是木材还是铁，在空气中都会损失一部分重量，为了得出它们真实的重量，我们必须将损失掉的重量加上。所以一吨木头真实的重量就是一吨再加上与它排开的空气的重量，计算铁的重量同理。

一吨铁的体积为 $\frac{1}{8}$ 立方米，而一吨木头的体积约为 2 立方米，也就是一吨铁占据的体积的 **16 倍**。因此一吨木头所排开的空气的重量就比铁重了 2.4 千克左右，即一吨木头的重量比一吨铁的重量更大。

> 或者更准确的说法是，在空气中测量出重量为一吨木头的真实重量，比在空气中称量出同样为一吨铁的真实重量更大。

图 41 一吨铁和一吨木头

提问

一根棍子和一对砝码这时在天平上是保持平衡的，如果将它们放到一个真空的钟罩下，平衡会被打破吗？

本章科学小实验

能抓住气球的杯子

你知道杯子也可以抓东西吗？如果我告诉你，可以用杯子抓起一个气球，你知道这是怎么办到的吗？下面我们一起来做这个科学小实验，看看杯子是怎么抓住气球的。

图42 情景示意

【实验道具】

一个气球、一个塑料杯、温水少许

【操作步骤】

（1）将气球吹好，尾部绑牢，不要漏气。

（2）将温水倒满塑料杯，过20秒后，把水倒出来。

（3）水倒出来后，立即将杯口紧密地倒扣在气球上。

（4）待杯子温度降低后，尝试着轻轻把杯子连同气球一块提起。

【科学原理】

杯子直接倒扣在气球上，是无法把气球吸起来的。因为杯子内外大气压互相抵消，杯子无法固定在气球上。用温热的水处理过的杯子，当杯子内的空气逐渐冷却，杯子内的气压变小，外界的大气压可以把杯子固定在气球上，因此可以把气球吸起来。

瓶子"吞"鸡蛋

瓶子能"吞"鸡蛋，是的，你没有听错，而且是整个一起"吞"的，看来瓶子的胃口也是不小的。具体是怎样"吞"的，下面让我们一起来看看吧！

图43 火柴熄灭前后鸡蛋在瓶口的状态

【实验道具】

熟鸡蛋、小瓶口的玻璃瓶、火柴

【操作步骤】

（1）首先要把鸡蛋煮熟，然后把外壳小心地剥掉，注意尽量不要损坏鸡蛋蛋白。

（2）擦燃一根火柴，当然两根也行，然后轻轻地放进玻璃瓶内，一定要注意安全。

（3）然后迅速地拿起鸡蛋，放到瓶口。

（4）认真观察，伴随着火柴火焰的熄灭，你将会看到鸡蛋开始变形，像是被一股无形的力量在控制着，直到整个鸡蛋被吸入瓶内。

【科学原理】

点燃的火柴，使得瓶内温度升高，当火柴逐渐熄灭，瓶内气压减小，外界的大气压大于瓶内的气压，压迫着鸡蛋慢慢进入瓶内。

第二章

热

十月铁路什么时候更长？

当被问到十月铁路有多长时，一个人回答道："它的平均长度是640千米，但在夏天的时候它的长度会比冬天长大约300米。"

这听起来其实并不荒谬，如果用铁轨的长度表示铁路的长度，那么夏天的铁轨确实比冬天的长。由于铁轨有"热胀冷缩"的特性，因此每当温度升高1摄氏度，都会让铁轨增加约等于其自身 $\frac{1}{100000}$ 的长度。在夏天铁轨的温度有时可以达到 30～40 摄氏度，甚至能烫伤你的手，而在冬天铁轨的温度则会降到零下25摄氏度，按照这个假设冬天和夏天的温度差至少有55摄氏度。已知铁轨的总长度有640千米，将其乘以0.00001，再乘以55，得到的结果约等于 $\frac{1}{3}$ 千米。

在夏天，莫斯科到圣彼得堡的铁路比冬天长了约 $\frac{1}{3}$ 千米，也就是300米左右。

图44 铁轨之间的缝隙

当然，并不是两个城市之间的距离变大了，只是每条铁轨相加起来的和变长了。这是两回事，你要是仔细观察就可以发现，两条铁轨之间并不是紧挨着的，在铺设轨道时，如图44所示，人们在它们的接口之间留下了一些**小空隙**，以便在升温时给铁轨留下足够的膨胀空间。

一般来说，8米长的铁轨会预留6毫米的缝隙，假设铁轨的初始温度是0摄氏度，那么要想靠受热膨胀来填补这个空隙，铁轨的温度就得上升到75摄氏度。根据我们做过的计算，轨道长度的增加是以它们之间的缝隙的减少为代价的，十月铁路轨道的总长度在夏天时比冬天长了300米左右。

出于技术原因，我们是不能在电车轨道上留下这种空隙的。

不过由于电车轨道是被埋在地下的，铁轨的温度不会变化太大，另外在地下，轨道也不会轻易被挤压到变形，除非是在极端炎热的天气下，电车轨道还是会弯曲的。

图45 被埋在地下的电车轨道

除去温度的影响，若在下坡路段，火车还会带着铁轨前进，无形中就把轨道间的空隙带没了。有时甚至连同枕木也一起往前推，结果使得两条铁轨直接**衔接**起来。

提问

高铁使用的是无缝铁轨，那么高铁使用的无缝铁轨遇上"热胀冷缩"时是怎么办的，你知道吗？

逍遥法外的小偷

在莫斯科至圣彼得堡的铁路线上，每年冬天都会有数百米昂贵的电话、电报线消失得无影无踪。也没人对此感到担忧，大家都知道是谁干的，而这个"偷"电话线的家伙也没有受到任何惩罚，这是为什么呢？其实，在前面我们提到过这个家伙，我想你现在应该也猜到了，小偷就是寒冬。

发生在铁轨上的情况也同样会发生在电线上。唯一的不同是，铜制电话线在受热时膨胀的倍数是铁的 1.5 倍。不过电话线中间没有像铁轨间那样的缝隙，否则电话就不通了。在冬季，莫斯科至圣彼得堡的电话线会比在夏季时短 500 米。虽然每一年的冬天，严寒都会"偷"走将近半公里的电话线，但是完全没影响到两地之间的通信。等到气温回暖之后，所有被"偷"走的电话线又都会被"还"回来。

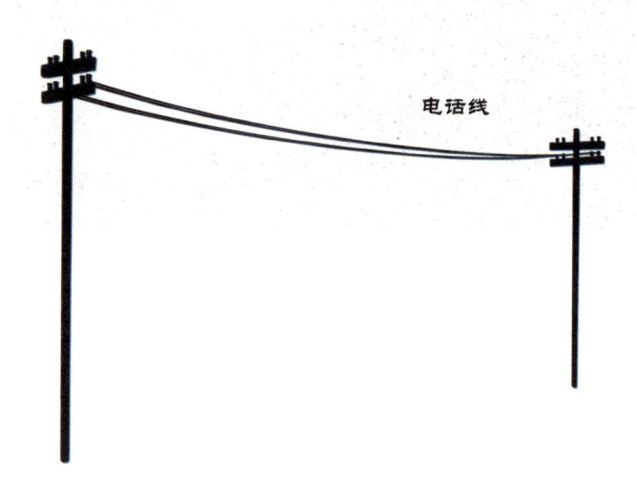

图 46 两根电线杆间的电话线

> 一般两根电线杆间的电话线都会拉得松一些，就是为了防止较低温度下，电话线被拉紧，从而损坏线路及相关设备。

但桥梁和电话线不同，当桥梁由于严寒引起收缩时，后果是相当严重的。1927年12月，报纸报道了以下事件：最近巴黎遭受的罕见严寒已经严重损坏了位于巴黎市中心的塞纳河上的桥梁，由于霜冻，桥梁上的钢架收缩特别严重，桥上铺的砖石都碎裂了，目前桥梁已经暂时关闭。

也许你会接着问：塞纳河大铁桥遇冷收缩了，它上边的砖和水泥也要遇冷收缩，为什么砖石都碎裂了呢？这是由于桥和砖石遇冷收缩的程度不同造成的。

这里要提到一个物理名词——线膨胀系数，亦称线胀系数。指的是固体物质的温度每改变1摄氏度时，其长度的变化和它在原温度时的长度之比。不同物质的线胀系数是不同的。铁的线胀系数约是0.000012，钢的线胀系数近似0.000011，水泥的线胀系数约等于0.000014。这样，不同物质有时会互相挤压，有时会互相远离，于是就会发生塞纳河大铁桥之类的事故。

图47 亚历山大三世桥穿过塞纳河

提问

既然钢铁造的桥会有热胀冷缩的现象，那么如何来防止温度给桥造成的伤害呢？

埃菲尔铁塔有多高？

如果我现在问你，埃菲尔铁塔有多高？在说出 300 米之前，你或许得先考虑一下天气怎样，因为物质的"**热胀冷缩**"的性质，这样一座巨大的钢架结构在不同的温度下的高度肯定是不一样的。我们知道，温度每升高 1 摄氏度，一根 300 米长的钢杆就会伸长 3 毫米。因此，埃菲尔铁塔的高度也应该随着温度升高，以这个速率增长。在巴黎温暖晴朗的天气下，铁塔钢架的温度可能会升高到 40 摄氏度以上，而在阴冷的雨天，铁塔的温度可能会降到 10 摄氏度左右，冬天，甚至可能降到 0 摄氏度以下（巴黎很少有严重的霜冻天气）。

因此在巴黎，温度的波动在 40 摄氏度左右，也就意味着埃菲尔铁塔的高度有时会增加或是减少约 3×40=120 毫米，也就是 **12 厘米**。

图 48 埃菲尔铁塔

直接的测量表明，埃菲尔铁塔对温度变化的敏感程度超过了空气。比如在夏季，烈日当空，突然下了一场雨，天气变得凉快，当我们感觉到凉快的时候，埃菲尔铁塔早就有了反应，也就是高度变矮。在一个多云的天气里，当太阳突然出现时，它升温的速度也会更快，我们还没有觉得暖和的时候，它早就变高了。相比于埃菲尔铁塔本身的高度，它微小的高度变化，我们是感觉不到的。这时候我们需要借助外界工具来测量，测量埃菲尔铁塔高度的工具是一根特殊的**镍钢绳**。

温度的变化对镍钢绳的长度几乎没有影响，这种神奇的材料也叫"不变钢"。

在不锈钢中增加镍，改变了钢的晶体结构，形成奥氏体晶体结构，可以改善诸如可塑性、可焊接性和韧性等不锈钢的属性，所以镍又被称为奥氏体形成元素。

图 49　镍铁合金材料

现在我们知道了，==炎热天气里的埃菲尔铁塔比寒冷天气时高出了 12 厘米左右==，而这多出来的部分一分钱也不用花。

提问

假设一座输电铁塔的高度是 25 米，某一天当地的最高气温是 34 摄氏度，最低气温是 10 摄氏度，问：这一天铁塔高度的最大值与最小值之间差了多少毫米？

图 50　输电铁塔

从茶杯到水位计

一般在倒茶之前，有经验的人会在杯子里先放上一个茶匙，尤其是银制的，以防止玻璃炸裂，这是为什么呢？想要搞清楚原因，那么首先我们得明白为什么开水会使茶杯炸裂呢？

这是因为，杯子的各部分并**不是均匀受热**的，当你将热水倒入杯子中时，不是杯子所有的部分都会同时热起来，刚开始是内壁变热，但外壁还是冷的。

内壁受热后立即膨胀，但这时外壁还没有膨胀，它会受到来自内壁的挤压，一旦外壁受不了这样的挤压而破裂，那么整个杯子就炸开了。

图 51 杯子受热炸裂瞬间内壁膨胀

别以为只要用一个杯壁更厚的杯子就万事大吉了，其实不然，它们反而会更容易炸裂。这是因为杯壁薄的杯子，热量传导的速度更快，这样杯子的外壁能更迅速地跟着内壁一起膨胀，而杯壁厚的杯子则相反，其热量传导得更慢。

在选购薄壁的玻璃器皿时一定要记住，确保选择底部也很薄的器皿。因为我们往器皿里倒入热水时，最先受热的是器皿底部。==虽然器皿壁看上去很薄，但会很安全。如果器皿底部很厚的话则容易裂开==，换成陶瓷杯也是一样的结果。

当玻璃器皿的壁越薄时，受热时就更加安全。这就是化学家能将壁非常薄的容器直接放在炉子上加热的原因。

图 52 实验室中的试管

图 53 实验室中石英烧杯

加热却**不会膨胀**的容器才是比较理想的，石英容器就具备这种性质。石英的膨胀率是玻璃的 $\frac{1}{20} \sim \frac{1}{15}$，这样小的膨胀率，几乎不受温度影响。即使厚壁的透明石英容器在加热时也不会炸裂，哪怕是将它烧得通红后再立即浸泡在冰水里也安然无恙。

正因为石英的导热性比玻璃更好，因此在实验室中石英是非常实用的材料。

玻璃杯不仅在受热的时候容易裂开，在快速冷却时也很容易裂开，这也是由于它的**冷热不均**导致的。杯子冷却时，外壁收缩的同时给内壁施加了强大的压力，而这时的内壁还没有冷却下来，也没有收缩。

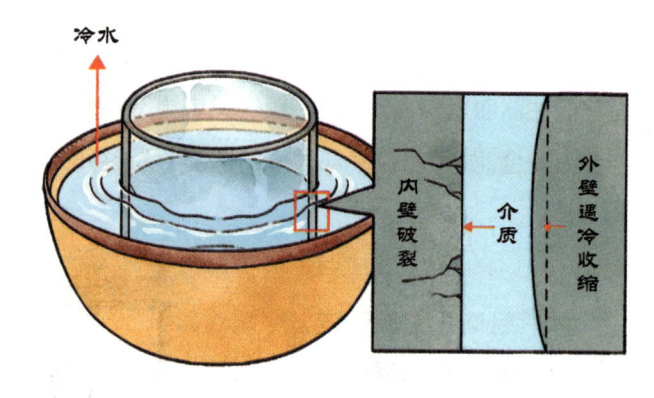

图 54 杯子遇冷破裂瞬间外壁收缩

> 要注意不能将装着热果酱或是其他热的东西的玻璃罐放在寒冷的地方或者是冷水中。

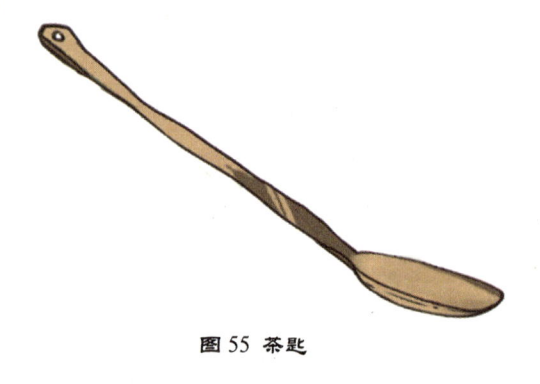

图 55 茶匙

现在我们回到之前提到的茶匙的问题，它为什么能保护茶杯不裂开呢？只有在滚烫的水倒入茶杯中的瞬间，茶杯很容易炸裂，温水就不会使杯子炸裂。

> 当你在杯中放进一把茶匙时，热水倒入杯子中，一部分的热量会被分散到茶匙上，茶匙一般都有很好的导热性，这样就能降低茶水的温度，使它几乎变成温水。而与此同时，茶杯的温度也会升高，继续倒入热水也不会让它炸裂了。

简而言之，金属茶匙，尤其是比较沉的那种，可以帮助解决杯子受热不均的问题，防止其破裂。

但是为什么银制的茶匙效果会更好呢？因为银本身就是一种非常好的热导体，和铜制的茶匙相比，它能更快地将茶杯中的热量分散出去。放在热茶中的银茶匙摸起来是烫手的，但铜茶匙就不会，利用这点你也可以轻易分辨茶匙的材质了。

玻璃的这种不均匀膨胀的性质不仅会对茶杯构成威胁，而且对锅炉的重要组成部分——显示锅炉中水高度的水位计，也会构成威胁。水位计是由玻璃制成的管子，由于受到了水蒸气的热量的影响，它的内层就会比外层膨胀得更快，也就是说，当外层玻璃还未来得及膨胀时，就受到来自内层的压力。这些管子本来就承受着水蒸气造成的高压，所以它们很容易破裂。

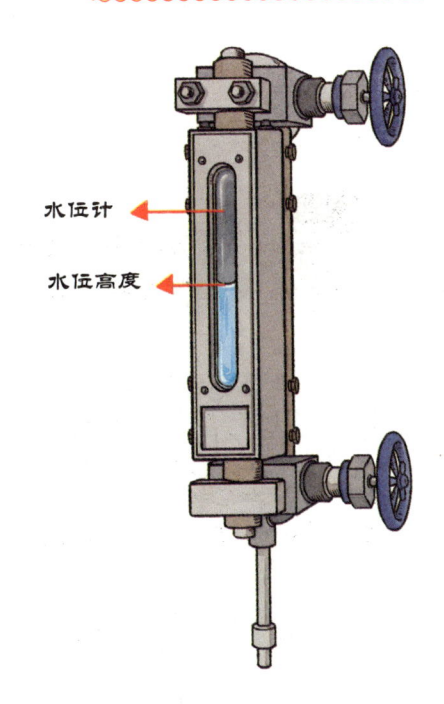

水位计

水位高度

图 56 锅炉水位计

为了防止这种情况出现，可以用两种不同材质的玻璃来分别制作水位计的内外层，一般用膨胀系数较小的玻璃来制作内层。

提问

什么样的茶杯更容易因温度的原因而炸裂？我们应选择什么样的茶杯才能避免这种情况？

浴室里的靴子

"为什么冬天白天短、夜晚长，而在夏天却是相反的呢？冬天白天短不就像其他所有看得见或看不见的事物一样，因为寒冷而收缩吗？而一到晚上周围的灯火都会被点亮，空气太热了，所以夜晚被延长了。"

这段可笑的关于冬天"昼短夜长"的解释出自契诃夫笔下的一位部队退伍军士。

图 57 昼冷收缩所以短

图 58 夜热膨胀所以长

然而嘲笑这种"有学问"的推断的人，他们自己有时也会提出同样可笑的理论。

你有没有听人说过，在澡堂里脚无法穿进鞋子是因为脚受热变大了？这是一个很常见的现象，但这个解释完全是错误的。

图 59 洗完澡后穿不进鞋子

首先，在浴室里人体的温度最多只会升高 1 摄氏度，只有**土耳其浴**[①]可以让你的体温升高 2 摄氏度。我们的身体能够抵御周围的热量，使我们体温维持在一个相对稳定的水平。另外，1～2 摄氏度的升温只会让我们的体积增加一点点，而这点变化是我们在穿靴子时不会感觉到的。人体的骨骼或者肌肉的膨胀系数也只有万分之几。因此洗完澡后，按照体温升高 1 摄氏度算，我们的脚底或脚背最多只能膨胀 0.01 厘米。一般鞋子的尺码是不会精确到 0.01 厘米的，毕竟这已经赶上头发丝的厚度了。

①利用浴室内的高温，使人大汗淋漓，再用温水或冷水淋浴全身，达到清除污垢，舒活筋骨，消除疲劳的目的。

虽然我在上面列出的数据都是事实，那为什么洗完澡后鞋会变得难穿了呢？

这并不是因为我们的脚受热而膨胀，而是因为洗澡时，水温促进了我们脚上的血液循环，使得脚部充血"变肿"。总之，这和"热胀冷缩"没有关系。

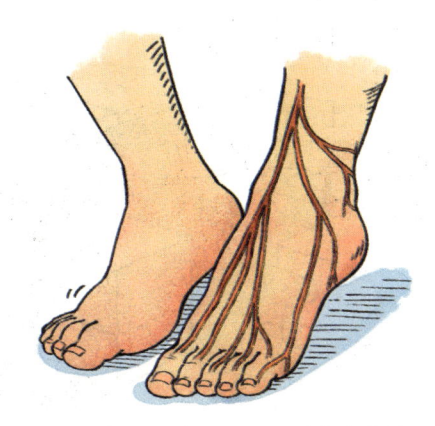

图 60 脚因血液循环加快充血变肿

提问

为什么外界温度变化时，人体的体积变化不大？请概述原因。

如何创造奇迹？

希罗是古希腊的一名数学家，他发明了以他的名字命名的喷泉，他还记述了两种巧妙机关，古埃及的祭司们曾利用这两种机关来吸引教徒。

其中一个装置如图 61 所示，位于寺庙门前有一个中空的金属祭坛，藏在石板下的机械装置能打开寺庙的门。人们焚香时，中空祭坛里的热空气会对藏在地下的容器中的水施加很大的**压力**，于是水会顺着一条管道流入水桶，这样<u>水桶就会下降</u>，触发机关，打开庙门，至于打开门的隐藏装置是怎样的，可以见图 62。

图 61 古埃及的寺庙奇迹

> 只要烧香和祷告，门就会自动打开，信徒们不知道地下隐藏的秘密，他们看到后自然认为这是一种"奇迹"。

图 62 能打开门的隐藏装置

祭司们上演的另外一个"奇迹"如图 63 所示。当香火被点燃后，**膨胀的空气**会迫使地板下的油箱中的油流入藏在祭司像内部的管道中。这些油顺着管道流到火上，把火浇旺，信徒们就会认为他们看到了火焰永恒燃烧的"奇迹"。

当主祭司认为信徒们献上的贡品不够丰盛时，他会悄悄地拔掉地下油箱盖子上的塞子。这样多余的烟雾就可以自由地流出，导致火焰逐渐熄灭，以此来吓唬那些吝啬的信徒。

图 63 古埃及祭司的另一个"奇迹"

以上介绍的两种机关，其实都利用了气压的性质。当封闭容器内温度升高时，容器内气压会增大；反之温度降低，气压则减小。

提问

除了在祭坛中烧香能打开庙门，你还能通过其他方法打开庙门吗？如果可以，请简述。

自动上发条的时钟

在上一章中，我介绍了一个能自动上发条的时钟，它是利用大气压的变化来工作的。现在我来向你介绍另一种自动时钟，它是根据"热胀冷缩"的原理工作的。

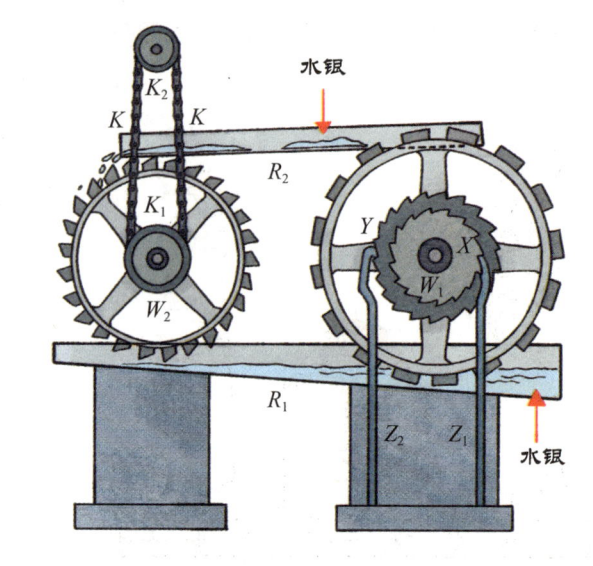

图64 能自动上发条的时钟

> 主要是靠杆 Z_1 和 Z_2 受热膨胀，由齿轮带动轴转动，再通过水银将大轮子的能量传递给小轮子。

图64为这种时钟的结构示意图，其核心部件是杆 Z_1 和 Z_2，这两根杆由具有较大膨胀系数的特殊合金制成。受热膨胀时，杆 Z_1 会带动齿轮 X 转动，杆 Z_2 则带动齿轮 Y 转动，两个齿轮都被装在了同一个轴 W_1 上，接着轴 W_1 带动边缘装有勺子的大轮子旋转。这些勺子从一个倾斜的槽 R_1 中将水银舀起来，装着水银的勺子随着轮子转动，使水银流入朝另一个方向倾斜的槽 R_2 中，水银顺着斜槽 R_2 流入同样带有勺子的左边轮子上。水银填满轮子左侧边缘的勺子，推动轮子旋转，左边轮子 K_1 就会带动装在同一轴 W_2 上的链条 K 旋转，而链条又带动了轮子 K_2 的旋转，K_2 旋转就给时钟上了发条。与此同时，左边轮子边缘上的勺又将水银倒回斜槽 R_1 中，水银随后顺着槽 R_1 流向右侧的轮子，不断循环。

还有另一种能够自动上发条的钟表如图65和图66所示。它的核心物质是甘油，当空气的温度升高时，甘油膨胀，将一个小重物抬高，重物落下时就会驱动时钟。另外，由于甘油在零下30摄氏度才会变成固体，290摄氏度时才会变成气体，它的这种特性非常适合作为时钟的动力来源。

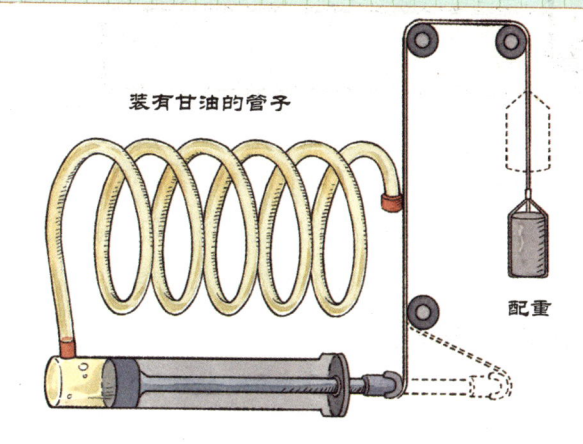

装有甘油的管子

配重

图65 另一种自动上发条的钟表原理图

图66 另一种自动上发条的钟表外观图

这种时钟经常用在广场或开阔的地方，只要周围的温度变化达到2摄氏度，钟表就会走动。有人做了一个实验，不进行人为干扰的情况下，这只钟表能够走上一年，而且时间误差很小。

提问

你觉得批量生产刚才介绍的两种自动上发条的钟表划算吗？请说出你的理由。

加热与降温的技巧

取一支试管，往里面装满水，再放入一块冰。由于冰块的密度比水小，冰块会浮在水面上，为了让冰块沉在试管底部，可以用一个小重物压在冰块上。现在用酒精灯来加热试管，但要像图 67 展示的那样，确保火焰只加热试管的上半部分。

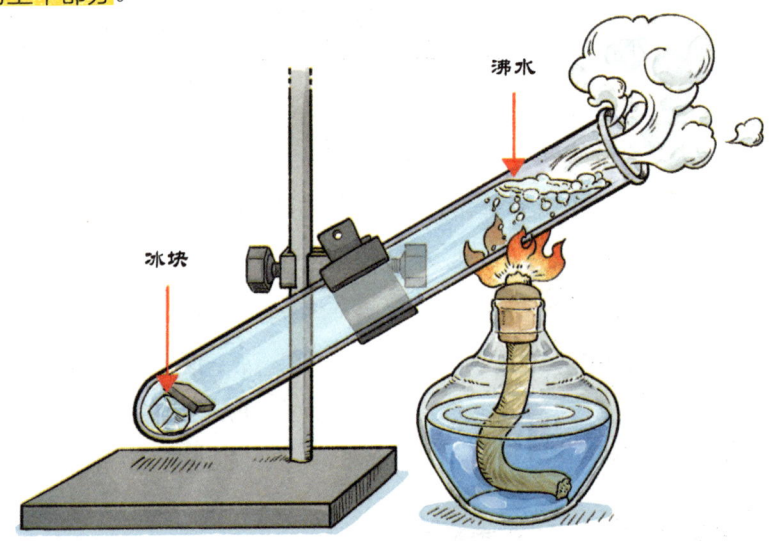

图 67 不融化的冰

水很快就会沸腾并冒出蒸气，但奇怪的是，试管底部的冰块不会融化。一个小小的奇迹就此诞生，沸水中的冰块竟然没有融化!

这个现象的关键在于试管底部的水完全没有沸腾，甚至还是冷的。实际上，冰块并没有在沸水里，而是在沸水下面。当试管上部的水因为受热而膨胀时，它会变得更轻，因此不会下沉到试管底部，而是停留在试管上部。试管上部的热水和温水很难流到试管下部，原因在于水的导热性比较差，除非在水中插入一个导热性能很好的物体。

当我们想要加热水时,我们会将容器直接放在火焰上方,而不是放在旁边,这是正确的做法。因为被加热过的空气在变轻后会从容器的底部跑到容器上方,这样可以使热量**包围**整个容器。要想充分利用热源,最有效的方式就是直接把容器放在热源的正上方。

但若我们想用冰块来给物体降温呢?许多人会将他们想要冷却的物体,比如说一罐牛奶,放在冰块上。记住,这是错误的做法,原因是当冰块上方的空气冷却后,它就会**下沉**,而这时包围着牛奶罐的更温暖的空气就会涌过来**填补**冷空气的位置,牛奶的下方一直冷却,上方则无法冷却。

所以如果你想让饮料或者食物冷却下来,不要将它们放在冰块上面,而是将冰块放在它们上面。

图68 快速冰镇的正确方法

假如我们将一瓶水放在冰块上方,只有瓶子底部的水会变凉。其余部分的水都是未被冷却的空气包围着的。但如果将冰块放在瓶子上面,冰块周围冷却的空气就会下沉,将容器包裹住,水就会更快地冷却下来(一般情况下,水冷却后能达到的最低温度是 4 摄氏度,而不是 0 摄氏度)。

提问

仔细观察家里挂壁空调安装的位置,是在墙上的高处还是低处?根据这一节学习的知识,你能解释为什么这样安装吗?

密闭屋子里的风

我们经常会从完全紧闭着的，几乎没有一丝缝隙的窗户中感到有风吹过来。虽然这感觉很奇怪，但仔细一想，其实也没有什么值得惊奇的地方。

图 69 冬天门窗紧闭还是感觉有风

> 哪怕是在房间里的空气，也会一直处于流动的状态。当空气变暖或者变冷时，一股看不见的气流会在室内循环。

空气变暖时，它会变得**稀薄并且更轻**，而空气变冷时，它又会变得**稠密且更重**。例如，当房间里电灯开着，或者正在烧水，都可能引起周围空气变热，形成热气流，热气流受到冷气流的挤压就会上升到天花板，而靠近窗户或墙壁的冷空气就会向下流动，这样冷、暖气流的流动就形成了风，你所感受到的风就是这么一回事。

用一个玩具气球，就能让你看清屋内的空气循环。首先在气球上系上一个小重物，使气球能够悬浮在半空中。然后在炉子或者暖气片附近放开气球，你就会看到它被从炉子中上升起的无形气流带着环绕整个房间。

它会先上升到天花板和窗户边，然后再落向地板，最后回到了炉子旁，随后又会再一次开始同样的旅程。

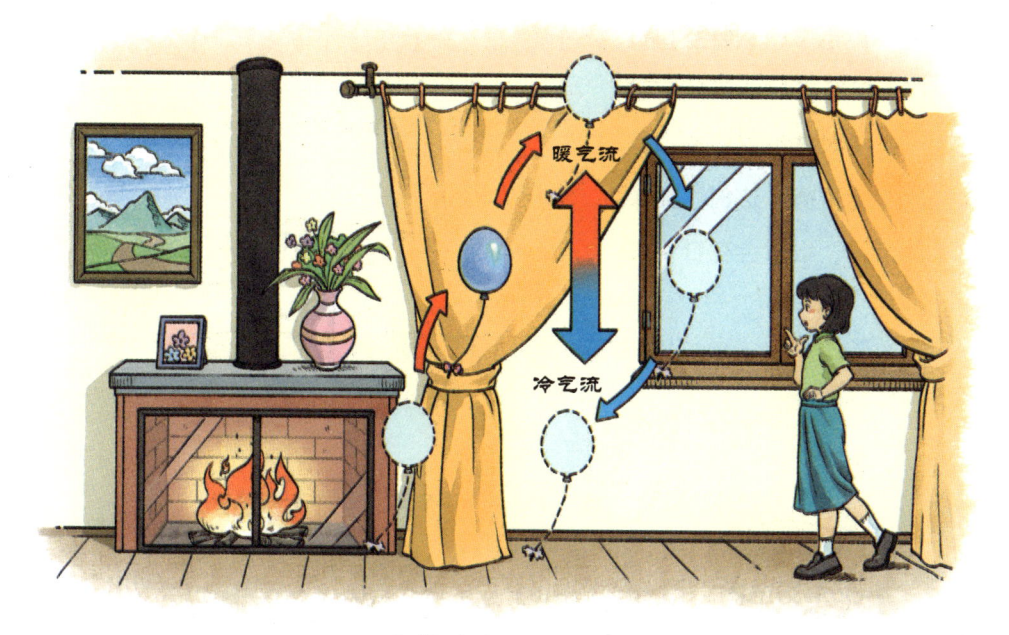

图 70 气球在屋内运动示意图

所以在冬天，即使门窗紧闭，外面的风没吹进来，我们仍然会感受到有风，尤其是在脚边，这种感受更加明显。

提问

你能解释自然界中风形成的原因吗？

神秘的旋转

拿一张比较薄的纸，剪出一个长方形的形状。沿着长方形横、竖中间分别对折一下，然后再展开，两条折痕的交叉点处就是这张纸的重心，如图71所示。然后拿一根针竖直插在桌子上，将折好的纸放在针上，使针尖对准纸的**重心**，这样才能保持平衡。这时，如果有一丁点风，纸就会在针尖转动。

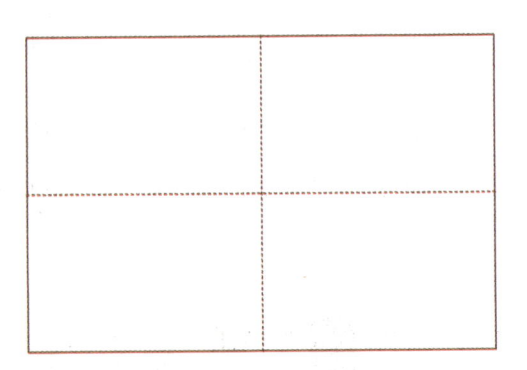

图71 纸片横竖对折两次

图72 纸片在针尖平衡

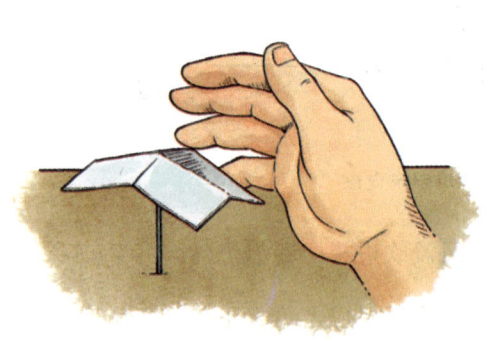

图73 旋转的纸片

接下来才是重点，将你的手轻轻地靠近纸片，动作一定要**轻**，否则纸片会被手带动的风吹跑，然后你就会看到纸片开始旋转，起初它旋转得很慢，紧接着速度渐渐加快。

将手拿开，旋转就会停止，再一次将手靠近，纸片又会重新旋转起来。

19 世纪 70 年代，这种奇怪的现象曾使人们相信，人类的身体是具有某些超自然特性的。神秘主义者们认为这证实了他们疯狂的理论，人体拥有某种神秘力量。然而，这并不是什么超自然的现象。理由也很简单，==当你将手靠近纸片时，手周围的空气被加热了，热空气上升，碰到纸片并带动纸片转动==。注意还有一个关键因素是纸片上有折痕，折痕使纸面有一定的**倾斜度**，纸片受到的力就不是直上直下的，才有了转动的可能。

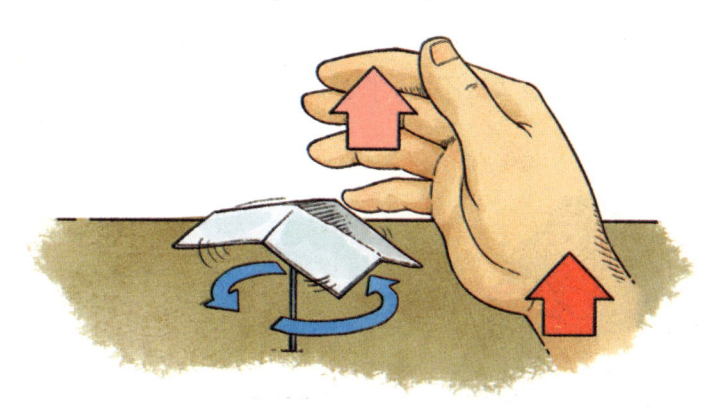

图 74 纸片旋转示意图

> 同样的道理，如果我们把纸条随意折一下，放到台灯上方，纸条也会转动，不信的话可以试一试。

如果你再仔细观察，就会发现这张纸一直朝着同一个方向旋转——**从手腕转向指尖**。这是因为手指总是比手掌更冷，因此手掌会产生更强的上升气流。如果一个人在发烧或者体温偏高时，在同样的操作下，纸片会旋转得更快一些。

提问

如果想改变纸片旋转的方向，你有什么好办法呢？

冬天的外套能让你变得暖和吗？

如果我说你的毛皮大衣不会让你变得暖和，你肯定会觉得我在开玩笑，但如果我能证实这一点呢？你可以试着做做下面这个实验。首先找一支温度计，记下它此时的读数，也就是现在你周围环境的温度。然后将它包裹在你的大衣里，静置数小时。最后再看它的读数，你会发现和最开始相比<mark>没有任何变化</mark>。这下你相信毛皮大衣不会让你变暖和了吗？

图 75 毛皮大衣不会让你变暖和

虽然毛皮大衣不会让你变暖和，但或许它会让你<mark>变冷</mark>。

同样的，我们来做个实验。拿两袋冰块，将其中一袋放在大衣里，另外一袋放在一个盘子上。当盘子上的冰块融化后，解开大衣，你会发现里面的冰块几乎没有融化，所以大衣并没有让冰块变得更暖和，似乎还让它变得更冷了，因为冰块融化所需要的时间变长了！我们知道冰块融化的温度是 0 摄氏度，并且要不断地吸收热量。大衣内的冰块几乎没有融化，说明大衣内的温度至多在 0 摄氏度，冰块吸收不到热量，大衣内的温度远不及外面的温度高，你说是不是穿上大衣变得更冷了呢？

图 76 穿毛皮大衣瑟瑟发抖

所以说冬天的外套会让你变得更暖和吗？其实并不会，如果我们指的是传递热量的话。电灯、火炉，以及我们的身体都可以传递热量，这些都属于**热源**，但你的外套不是热源，它自身没有任何可以散发出去的热量。它仅仅是**防止**我们身体的热量散发出去，这就是我们穿着外套时感觉更暖和的原因。

我们做实验时使用的温度计并不是一个热源，所以把它包裹在大衣里并不能改变它的读数。而包在外套里的冰块融化得比较慢，也是因为外套的导热性较差，它会阻止冰块吸收周围的热量。

图 77 毛皮大衣的作用是隔热

雪地上的雪其实和大衣有类似的作用，和其他粉末状物体一样，它的导热性也很差，从而可以减少地面热量的散失。雪保护下的地面温度往往要比露天位置高出 **10 摄氏度**左右。

因此问题"冬天的外套能让你变得暖和吗？"的答案应该是：它只能帮助我们的身体保温，事实上，不是外套温暖了我们，而是我们温暖了外套。

拓展延伸

雪的保温作用

积雪，好像一条奇妙的地毯，铺盖在大地上，使地面温度不致因冬季的严寒而降得太低。积雪的这种保温作用，是和它本身的特性分不开的。

图 78 积雪中肉眼可见的孔隙

冬天穿棉袄很暖和，这是因为棉花的孔隙很多，棉花孔隙里充填着许多空气，而空气的导热性能很差，正是这层空气阻止了人体的热量向外扩散。覆盖在地球"胸膛"上的积雪很像棉花，雪花之间的孔隙也很多，就是钻进积雪孔隙里的这层空气，保护了地面，使其温度不会降得很低。

当然，积雪的保温效果是随着它的密度的变化而随时在变化的。这与穿着新棉袄特别暖和，旧棉袄就不太暖和的情况相似。新雪的密度低，贮藏在里面的空气就多，保温作用就显得特别强。老雪呢，像旧棉袄似的，密度高，贮藏在里面的空气少，保温作用就弱了。

为什么物体里贮藏的空气越多，保温效果越强呢？

这是因为空气是不良导体的缘故。我们知道，任何一个物体，它本身都能通过热量，这种能够通过热量的性能，称作物体的导热性。在自然界常见的几种物质中，空气的导热性最差，所以若物体里可容纳的空气越多，它的导热性就越差。由于积雪里所能容纳的空气量变化幅度较大，因此，积雪的导热性能变化也较大。一般刚下新雪孔隙大，保温效应最好。到春天雪开始融化了，积雪为水所浸渍，这时它的导热系数就更接近于水了，积雪的保温作用便趋于消失。

图 79 雪融化

提问

你觉得泡沫能拿来做保温材料吗？为什么？

脚下的季节

假如现在是夏天，那地下 3 米的地方是什么季节？你觉得还是夏天吗？如果觉得是，那你就错了！实际上这两处并不处于同一个季节，因为地面的导热性非常差。在圣彼得堡，即便是最寒冷的冬天里水管也不会破裂，因为它们被埋在了地下 2 米深的地方，地面上温度的变化需要很长时间才能影响到地下。人们曾在俄罗斯的斯卢茨克镇测量过，结果显示在地下 3 米处，一年中最热的时候会比地面上晚 76 天，而最冷的时候更是晚了 108 天。

图 80 地面上是春天，地下是冬天

比如说地面上最热的一天是 7 月 25 日，那么在地下 3 米处最热的一天却是 10 月 9 日；如果地面上最冷的那一天是 1 月 15 日，那么地下 3 米处最冷的那一天出现在 5 月，并且在越深的地方，这种延迟的现象会更明显。

到了地下越深的地方，温度的变化就越小，最终到达某一深度后，温度保持在一个**常数**。几个世纪以来，这里一年四季的温度都是一样的，都等于一个定值。

巴黎天文台的地下室位于 28 米深的地下某处，150 年前，**拉瓦锡**①就在那里放了一支温度计，自那以后，温度计里的水银柱就没有变动过，一直显示的温度都是 11.7 摄氏度。

图 81 拉瓦锡

①法国著名化学家、生物学家。主要成就：定义"元素"、创立氧化学说、验证质量守恒定律等，是近代化学的奠基人。

总而言之，我们脚下的世界和我们身处的地面上的世界，经历的是不同的季节。当我们进入了冬天时，地下 3 米深的地方也许是秋天，但和地面上我们经历的秋天不一样，因为地下的温度变化很小。而当我们进入夏天时，地下深处还残留着冬季的霜冻带来的影响，所以当我们研究植物的块茎和根在地下的生活条件时，要记住这一点。例如，树根的细胞在冬季倍增，而到夏季时却停止了。这正好与树木在地面上部分的特征相反。

提问

为什么埋在地下的水管在冬天不会被冻住？

纸锅

如图82所示,一个鸡蛋正被放在纸做的锅中煮着。纸难道不会被烧穿,然后里面的水溢出来将火焰浇灭吗?

你可以自己试试,将一张硬羊皮纸固定在金属丝上,然后将鸡蛋放在羊皮中蒸煮,或者用如图83所示的纸盒子效果会更好,纸张没有任何变化!

图82 在纸锅中煮鸡蛋

图83 煮鸡蛋的纸盒子

原因就是我们只能将水加热到100摄氏度,而水具有很强的吸热能力,因此它能将纸盒上**多余的**热量吸收掉,避免了纸盒温度超过100摄氏度。由于达不到纸盒的**燃点**[1],所以即便纸盒被火焰烤着也不会烧起来。

[1] 可燃物在达到一定温度时,与火源接触后在空气中自行燃烧,火源移走仍能继续燃烧的最低温度,也称为着火点。

水的这种特性还能防止水壶被烧裂,如果我们心不在焉地将没有水的水壶放在火上烧的话,那它很容易被烧裂。出于同样的原因,你也不能将焊接的空锅直接放在火上。

> 马克沁重机枪也是利用水来进行**冷却**的,以防止枪管温度过高而熔化。

图 84 马克沁重机枪

用一张玩具卡片制成的小盒子就能熔化铅弹。首先将铅弹放在盒子里,再将盒子放在火焰的正上方。

> 由于铅是热的良好导体,它能**迅速吸收**纸盒的热量,避免盒子的温度上升得很快,所以铅弹熔化了,盒子也不会烧着。

图 85 不会燃烧的纸盒

图 86 展示了另一个实验。拿一根粗的钉子或者铁棒（铜棒效果更好），在其周围紧紧地裹上一根窄纸条。然后在棍子下方将火点燃，可以看到火焰舔舐着纸条，甚至纸条冒烟了。

在金属被烧红之前，纸条绝不会烧起来。这也是因为金属具有良好的导热性。而将实验中的金属棒换成玻璃棒的话，纸条很快就会烧起来。

图 86 不会烧起来的纸

图 87 不会烧起来的线

图 87 展示的也是一个类似的实验。将一根线缠绕在钥匙上，再将钥匙放在烛焰上，线也不会烧起来。

水和金属具有良好的导热性，当物体与它们接触时，它们可以将热量从物体转移到自身，从而起到保护物体的作用。

拓展延伸

不会沸腾的水

如图88所示，将碗放在锅里面，碗里面注入一定量的水。开始对锅进行加热，直到将锅内的水煮沸，你觉得碗里面的水也会跟着沸腾吗？

图88 碗中的水能否沸腾？

很显然是不会的，不信的话可以自己动手试一试。

请记住，水要想煮沸必须同时满足两个条件：(1) 达到水的沸点，一般情况下为100摄氏度；(2) 继续不断地吸热。也就是说水要沸腾，首先温度要够，能达到100摄氏度，水沸腾时温度保持不变；其次你不能停止加热，得持续提供能量，水才能不断吸热，继而沸腾。

锅内的水沸腾，满足以上说的两个条件，但碗里的水只满足第一个条件，温度达到沸点。碗里的水之所以温度可以不断上升，是因为从锅内的水中吸收热量，但当锅内水温和碗内水温都达到100摄氏度后，碗内的水就无法继续从锅内吸收热量了，所以碗里的水不会沸腾。

提问

为什么用一个锡焊接的铁壶烧水，并不用担心它会裂开？

为什么在冰面上容易打滑？

在被打磨过的地板上走路比在没被打磨过的地板上走路更容易滑倒。那么同理，在光滑的冰面上应该比在**凹凸不平**的冰面上更容易滑动吧？然而事实并不是这样，雪橇在凹凸不平的冰面上反而更容易滑动。如果你拉过雪橇的话应该有体会过这一点，那为什么凹凸不平的冰面反而更容易打滑呢？也就是说，如果我们用雪橇在冰面上运输货物，在凹凸不平的冰面上比在光滑的冰面上更省力气。

要解释上面的问题，那么我们就得明白：其实冰不是因为光滑平整才容易打滑，而是因为当施加在冰面上的压力增大时，冰的熔点降低了，融化成了水，减小了摩擦。比如我们在滑冰时，我们身体的全部重量都压在了冰刀上，冰刀的面积非常小，仅有几平方毫米。

> 前面我们说过，在压力相等的情况下，接触面积越小，压强越大，现在你意识到滑冰者对冰面施加了多么大的压强了吧！

图89 冰刀

在这么大的压强下，冰的熔点会**降低至少 5 摄氏度**。正常情况，冰的熔点是 0 摄氏度，我们假设冰面的温度是零下 5 摄氏度，而冰的熔点低于零下 5 摄氏度，所以这时他脚下的冰就会融化成水，在刀片和冰面之间形成薄薄的一层水，难怪滑冰者能够在冰面上轻松滑行。

> 无论他滑到冰面上的什么地方，冰刀和冰面间的水层都能让滑冰者畅行无阻。

图 90 滑冰时冰刀和冰面之间会形成一层水

只有冰具有这种特性。一位物理学家甚至将其称为"自然界中唯一滑的物体"，其他物体只能变平滑，但不会变得湿滑。

回到我们提出的第一个问题，为什么凹凸不平的冰面比光滑的冰面更容易滑动？我们已经知道一个人与地面的接触面积越小时，他对地面施加的压强就越大。那他站在哪种冰面上，对冰面的压强更大呢？凹凸不平的冰面还是光滑的冰面？很明显是对凹凸不平的冰面压强更大。因为在这种情况下，人体的重量仅仅由冰面上的几个凸起的点支撑着，受力面积越小，压强越大，冰就会更快地融化。

因此，只要冰刀厚薄合适，冰面就会变得越滑。冰刀也不是越细越好，<mark>太薄的冰刀更容易将冰面的凸起切开</mark>，让冰刀更充分地接触冰面。

> 像短道速滑运动员的冰刀长度在 40~45 厘米之间，厚度约为 1.1 毫米，一般来说，需要根据运动员身高、体重、滑行水平、脚长等来选择合适的冰刀。为了更加快速、安全地过弯，冰刀还会有一定的弧度并且需要定期打磨。

图 91 冰刀在冰面上的划痕

压力能使冰的熔点降低，这种特性能帮我们解释周围看到的许多现象。比如说单独几块冰紧紧地压在一起后会冻结成一大块。我们在打雪仗的时候也会无意识地利用到这一点，<mark>压力降低了雪花的熔点，使松散的雪花粘在一起形成雪球</mark>。在下过雪的人行道上，经过无数人的踩踏，雪在压力的作用下慢慢变成坚硬光滑的冰层。

滚雪球也是一样的原理，在地上滚动的雪球是有重量的，这就会对它下面的雪进行挤压，这些被挤压的雪就会融化，随后粘到雪球上并随着雪球的滚动而迅速冻结，于是，雪球越滚越大。说到这里，我们可以思考一下，为什么在**强霜冻**期间很难滚成一个稍大一点的雪球？

> 要知道，之所以雪球越滚越大，不是因为重了以后更容易吸附周围的雪，而是重了以后产生的<u>压强更大</u>，使得雪更容易融化。而当气温过低，就很难通过压力让雪融化了，因为雪刚要融化就又冻结实了。

图 92 滚雪球

从理论上说，当每平方厘米上的压力达到 130 千克的重量时，冰的熔点就会降低 1 摄氏度，这里的冰指的是纯粹的冰块。当冰融化时，和水混合在一起，受到一样大的压强，这时冰的熔点会降低得更多。

提问

在滑雪的时候，我们通常使用的是滑雪板而不是冰刀，你知道这是为什么吗？

冰锥的形成

冬天我们经常会看到屋檐下有冰锥倒挂着，你有想过它们是怎么形成的吗？它们是什么时候挂在屋檐下的呢？是在雪融化的时候还是最冷的霜冻期呢？

如果是在融雪的时候，水又是怎么在0摄氏度以上的温度结成冰的呢？而如果是在霜冻期形成的冰锥，那结成冰的水又是从哪里来的呢？

图93 屋檐下的冰锥

如你所见，这个问题并没有那么简单。要形成冰锥，需要同时具备两个温度：一个是0摄氏度以上的温度，令雪融化；另一个是0摄氏度以下的温度，令雪水结冰。

事实正是如此，在斜屋顶上的雪受到太阳的照射后就融化了，融化后的雪水会流到屋檐的位置往下滴，滴到了屋檐下的水滴又会冻结起来，因为这里的温度在0摄氏度以下。

图94 冰锥形成的原因

在详细分析冰锥形成过程之前，我们先了解一个有趣的常识。就是<u>太阳光线与被照射平面之间的角度越大，平面接收到的能量就越多</u>。阳光产生的热量与入射角（光线与被照射平面之间的夹角）的正弦值成正比。当太阳光线**垂直**照射在平面上时，平面接收到的能量是最多的。

> 如图所示，太阳光线与屋顶照射平面成 60 度夹角，与地面成 20 度角，因为 60 度角的正弦值大概是 20 度角正弦值的 **2.5 倍**，所以屋顶上的雪从阳光里获得的能量是地面上的 2.5 倍。

图 95 太阳光线与屋顶、地面间的倾斜角不同

试着想象一下这样的场景。在一个天气晴朗，阳光明媚的早晨，气温比 0 摄氏度稍低 1～2 摄氏度，万物沐浴在阳光下。这时斜着照射过来的阳光还不足以融化地上的积雪，但是能以一个接近直角的角度直射倾斜屋顶上的积雪。

83

屋顶上的积雪得到的热量比较多，开始慢慢融化，而融化后的雪水就会沿着屋顶滑落到屋檐，由于屋檐下方的温度低于 0 摄氏度，雪水滴下来的时候就会凝结成冰。然后第三滴、第四滴……滴下来的雪水越来越多，逐渐形成了一个冰制的"吊坠"。等过了几天，也许一周以后，又出现了同样的天气，"冰吊坠"逐渐增长，变成越来越大的冰锥。

与地下洞穴里的石灰钟乳石的形成过程非常相似，屋檐下常会出现的冰锥就是这么形成的。

图96 "冰吊坠"

太阳光入射角度的不同还能解释很多更宏观的现象，比如气候带的形成及季节更替，当然其中还要考虑**太阳照射时间的长短**。而太阳光的入射角度、照射时间的长短都和地球的自转轴相对于**黄道面**①有一定的倾斜角度有关。

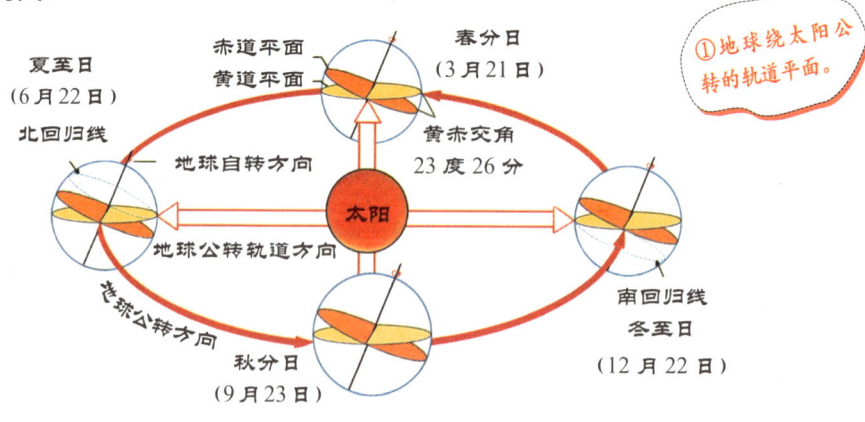

①地球绕太阳公转的轨道平面。

图97 太阳光照射角度引起北半球时令更替

在冬天，太阳离我们的距离几乎和夏天一样，由于地球距离太阳非常远，我们假设太阳与两极、赤道的距离相同。那么太阳光线照射到赤道的角度几乎为 **90 度**，而照射到两极的角度几乎为 **0 度**。并且阳光在夏季的入射角总是大于冬季，正是如此，才引起了气温和自然环境的诸般变化。

拓展延伸

钟乳石

洞顶上有很多裂隙，每一处裂隙里都有水滴不断渗出来，每当水分蒸发掉了，那里就留下一些石灰质沉淀。一滴、两滴、三滴……水不断出现，又不断地挥发，洞顶上的石灰质越积越多，后来越垂越长，形成钟乳石，有的钟乳石的长度能达到好几米。

图 98 钟乳石和石笋接在一起

石笋是钟乳石的亲密伙伴。当洞顶上的水滴落下时，石灰质也在地面上沉积起来。就这样，石笋对着钟乳石向上长。往下长的钟乳石，有时候也会和往上长的石笋接在一起，连接成一个石柱，两头粗，中间细。

在许多石灰岩洞里，钟乳石和石笋多数不是连在一起的。那是因为钟乳石折断了，或者过多的石灰质堵塞了水滴的通路，水滴被迫改变路径转移到另一处。

提问

为什么赤道比两极更暖和？

85

香烟的启发

图 99 展示的是一支放在火柴盒上的香烟，两端都冒着烟。其中烟嘴这一端的烟雾是向下飘的，而烟头的烟雾向上飘，这是为什么呢？这两头冒出来的烟不都一样吗？

从这两端冒出来的烟雾确实是一样的，但被点燃的那一端，温暖的上升气流会带着烟雾粒子一起上升。与此同时，流过烟嘴的携带烟雾粒子的空气，它的温度已经降下来了，并且烟雾粒子的重量比空气更重，所以这一端的烟雾会向下沉。

图 99 香烟两端的烟雾一端往上飘，另一端往下沉

提问

香烟点燃后，冒出的烟雾看上去是蓝色的，这是为什么？

本章科学小实验

钓"冰"

有听说过钓鱼，钓虾，但是你有听说过钓冰块吗？估计你肯定没听过，甚至觉得惊奇吧！其实钓冰块也不难，只不过需要一些技巧。今天就带你尝试下，钓起冰块的感觉吧！

图100 钓起冰块

【实验道具】

少许盐、几块小冰块、水、一根绳子

【操作步骤】

（1）在水里放几块冰块，先试试用绳子"钓冰"。看看能不能用绳子将滑溜溜的冰块钓上来。

（2）将盐撒在冰面上，然后把绳子放在撒了盐的冰面上。

（3）静静等待1~2分钟后，抬起绳子看看，发现冰竟然上钩了。

【科学原理】

盐可以降低冰的凝固点，并且盐水的浓度越高，凝固点就越低，下雪天在马路上撒盐就可以扫除路面上的冰雪。在冰面撒盐，仔细看的话，冰是在一点点融化的。当一部分冰块化掉的时候，会吸收周围大量的热量，使周围温度下降，化开的水又会再度结成冰，绳子与冰块就冻在一起了。

"跳舞"的硬币

奇奇怪怪的冷知识又来了，硬币也能跳舞，它不光能跳舞，还能唱跳结合呢，是不是很神奇！今天就带你见识一下这位"大神"迷人的风采！

【实验道具】

空玻璃瓶、一枚五角硬币、水

图 101 情景示意

【操作步骤】

（1）将空玻璃瓶放入冰箱中或冰水中冷却。

（2）在瓶口上放置一枚五角硬币。

注意：可以在瓶口边缘抹上一些水，或是先用水将硬币浸湿，如此，硬币和瓶口就更加密合了。

（3）双手紧紧握住瓶子，过一会儿，瓶口上的硬币就会发出咯咯咯的声响了！

【科学原理】

本实验利用了空气热胀冷缩的原理，把瓶子放入冰箱冷却后，瓶内的空气当然也被冷却了。用手本身的温度，在握住瓶身后，瓶内的空气受热膨胀而往瓶口扩散，因此将瓶口的硬币往上推，但由于力量不大，所以硬币被往上推一点点又落下来，这种情形一直反复，就产生咯咯咯的声响了！

【提示】 这个实验可能会出现硬币不动的问题，那有可能是瓶子冷冻时间不够长（最好 1 小时以上），还有可能是水没有将硬币和瓶子之间的缝隙封住。

第三章

声音和错觉

捕捉回声

马克·吐温讲述过一个非常有趣的故事，是关于一个收藏家遭遇不幸的故事，而他收藏的是什么呢？你可能永远都猜不到，竟然是**回声**！这个古怪的人不惜血本地买下了每一块能够产生多重回声或是其他特别回声的土地。

图 102 天然回音壁

他买下的第一块土地是在佐治亚州，一块能够重复 4 次回声的土地；接下来是马里兰州的一块能重复 6 次回声的土地；然后是缅因州的一块土地，能重复 13 次回声；还有堪萨斯州的一块能重复 9 次回声的土地。再之后是在田纳西州买了一块能够重复 12 次回声的土地，因为这块土地需要维修，所以他以一个便宜的价格买下了它。其中一部分能够反射回声的峭壁已经坍塌了，但他相信只要花费几千美元就能修复好这块峭壁，还能通过增加峭壁的高度获得额外的 3 倍回声。但是接手这项工作的建筑师从未有过类似的经验，结果他完全破坏了峭壁回声的效果。在他动手瞎弄之前，这块峭壁还能像老婆婆一样回应你，现在它只适合给聋哑人居住了。

当然这只是一个玩笑，但是，回声却是客观存在的。在一些山地地区能够产生令人惊叹的多次回声，有些地方因此而声名远扬，下面就给大家介绍一些较为著名的回声景点。英国的伍德斯托克城堡能够清晰地重复 **17 个音节**。哈尔贝尔斯塔特附近的德朗堡城堡废墟，在它其中一面墙倒塌之前，能够重复 **27 个音节**。捷克斯洛伐克的阿德什帕赫附近的岩石环谷中，有一个特别的地方，可以让 7 个音节重复 3 次，但是稍微偏离这个地方一点，即使是开枪也不会产生任何回响。还有米兰附近的一座城堡在拆除之前也能产生多次回声，从城堡侧翼的窗户里朝外开一枪，能听到回响 **40 ～ 50** 次，大声喊一句话，有时也能听到 **30 次** 的回声。

　　要寻找到一个能够清晰地产生单次回声的地方可不容易。在俄罗斯可能会好一些，因为它有许多被树木环绕的开阔平原和林中空地，只要大声呼喊就能听到来自树林的回应。在山地地区产生的回声比平原更加多样化，但出现的概率小，因此很难捕捉到。

　　为什么会这样呢？因为回声只是被障碍物反弹回去的声波，并且它遵循与光相同的反射定律：入射角等于反射角。

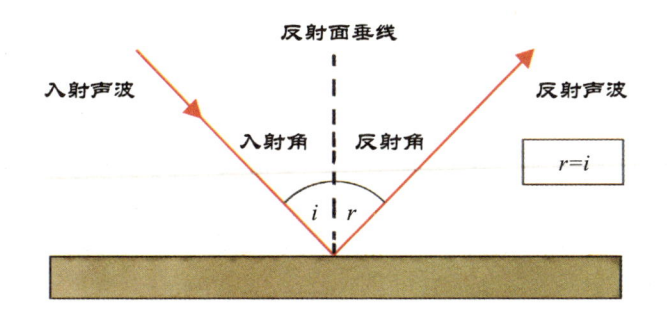

图 103　声波反射定律

想象自己正站在一个山脚下，如图 104，其中 AB 是一个**高**于你的声音屏障。

显然沿着 Ca，Cb 和 Cc 传播的声波不会反射回你的耳朵，而是会沿着 aa，bb，cc 的路径**散**落在空气中。

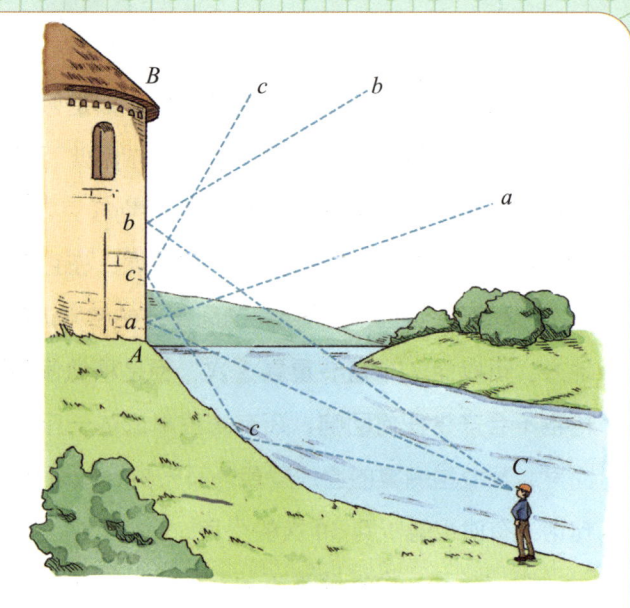

图 104 听不见回声

如果声音屏障和你处于同一高度，甚至比你的位置稍**低**一些时，如图 105，此时你就可以听到回声了。

从 C 点发出的声音会沿着 $CaaC$ 和 $CbbbC$ 路径，在地面上反弹了一次或两次后，最后回到你的耳朵里。

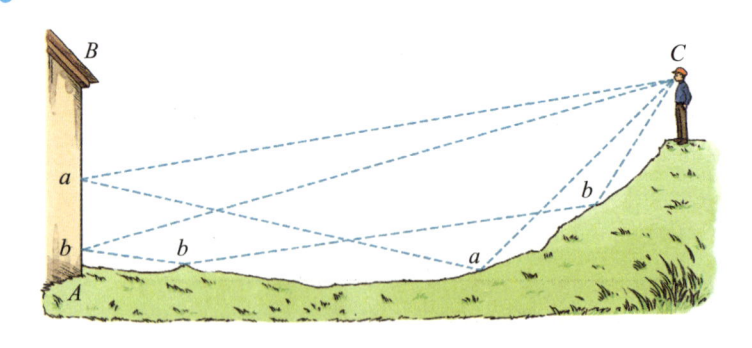

图 105 听得见回声

B、C 两点之间的凹陷相当于一面**凹面镜**，使回声变得更加清晰，但如果 B、C 两点之间的地形是一个凸起，==它就会像一面凸面镜一样将声波散射开来==，回声就会变得非常微弱，甚至可能无法回到 C 点。

在凹凸不平的地面上，你必须利用一种特别的技巧来捕捉回声，而且你得知道回声是如何产生的。首先，你不能离障碍物太近，因为声波必须传播足够长的距离，否则回声会出现得太早，与最初的声波融合在一起，无法分辨。声音以 340 米 / 秒的速度传播，因此在 85 米远的地方发出的声音，0.5 秒后就能听到回声了。

虽然每个声音都有回声，但并不是所有回声都那么清晰，这取决于它是森林中野兽的咆哮，还是远航的号角声，或者是激荡的雷声，又或者是女孩的歌声。一般来说，如果声音越尖锐[①]且断断续续，回声就越清晰，例如，拍手就是一个产生清晰回声的好方法。人说话的声音则没那么适合，尤其是男性，而女性和儿童的声音更容易产生清晰的回声。

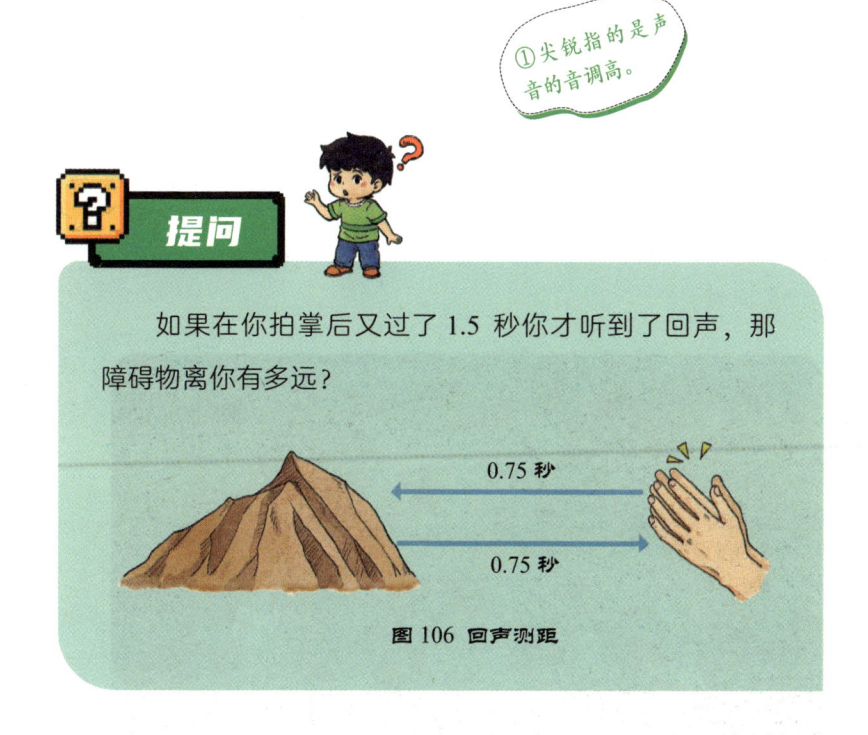

① 尖锐指的是声音的音调高。

提问

如果在你拍掌后又过了 1.5 秒你才听到了回声，那障碍物离你有多远？

0.75 秒

0.75 秒

图 106 回声测距

声音如尺

有时候人们可以利用声音的传播速度来测量某个无法触碰到的物体距离你有多远。儒勒·凡尔纳在他的《地心历险记》中就提供了一个很好的案例。在地下探险的过程中，两位旅行者迷了路，教授和他的侄子走散了。于是他们大声呼喊，当他们能听到对方的声音时，发生了如下对话：

"叔叔。"我（侄子）喊道。

"孩子。"教授迅速回应。

"现在最重要的是要弄清楚我们之间的距离有多远。"

"这并不难。"

"你手边有计时器吗？"我问道。

"当然。"

"好，将它拿在手里，喊出我的名字，同时开始计时。我一听到你的声音就会立刻回答，然后你要准确记录下你听到我的声音时计时器的读数。"

"没问题。"

图107 天然回音壁

"当我喊出声后,直到听见你的回答,这段时间的一半就是我的声音传达到你那里所需的时间。"

"是的,你准备好了吗?"

"准备好了。"

"好,那我现在就喊出你的名字了。"教授说。

我将耳朵贴到了洞穴墙壁上,当我听到"哈里"时,我立马转身,对着洞壁重复了一遍自己的名字。

"40秒,"叔叔喊道,"在这两个词之间已经过了20秒的时间,因此从我这儿到你那儿,声音传播需要20秒。声音的传播速度是340米/秒,因此我们之间的距离大约是7千米。"

现在你应该能回答这个问题了:如果某人在看到烟雾从火车头上**升起后的1.5秒**,听到了它发出的汽笛声,那么火车头距离这个人有多远呢?

提问

请回答文末的问题?并写出你的计算过程。

图108 火车鸣笛

声音反射镜

所有能够反射声音的障碍物，如森林、高的围栏、建筑物、大山等，都可以称为声音的"反射镜"，就像普通的镜子能反射光一样，它们能反射声音。

你还能利用一个凹面镜来聚焦声波。用两个盘子和一块手表，你就能做下面这个有趣的实验了。拿一个盘子放在桌子上，将手表放在**距离盘底几厘米**高的位置上，用手拿着。然后将另一个盘子靠近你的耳朵，如图109所示。

> 反复调整三个物体之间的位置，你就会发现在某个特定的位置上，手表的滴答声似乎是从靠近你耳朵的那个盘子里传出来的。当你闭上眼睛时，这种错觉会变得更加明显，仅凭听觉无法分辨到底是哪只手拿着手表。

图109 凹面声镜

中世纪的城堡建筑师们经常利用声音来耍花样，比如将一尊半身像放置在一个凹面声镜下的某点处，或者是将其放在隐藏在墙壁中的传声管道的末端，图 110 展示了这种布置，这张插图摘自一本 16 世纪的书籍。

> 拱形天花板会将所有从传声筒中传过来的声音**反射**到半身像的嘴唇上，大型的传声筒将庭院中的声音传到了被放置在走廊上靠近大理石墙壁的半身像处，以此产生半身像会低语或者是歌唱的错觉。

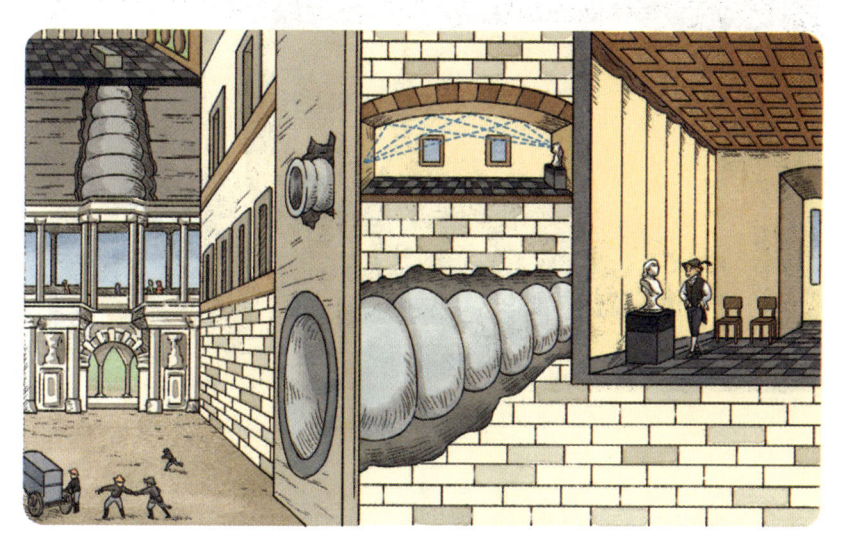

图 110 会说话的雕像

提问

声音在我们生活中有诸多应用，比如现在耳机具有的降噪功能，你知道降噪是如何实现的吗？

剧院里的声音

常去看戏、听音乐会的观众们应该非常清楚，剧院大厅的声学效果有的非常好，而有的则不尽如人意。有的剧院大厅，即使是在相当远的位置也能清晰地听到演讲者和音乐的声音，而有的大厅，哪怕是坐在离发声者非常近的位置，也听不清他们发出的声音。

图 111 巴塞罗那音乐厅

不久之前，剧院或音乐厅声学效果的好坏，会被人们认为完全取决于运气。现在，建筑师们已经找到了能够消除令人不悦的混响的方法，我们不在这一点上展开讨论，因为这只会吸引建筑师，但值得说明的一点是，建筑师们通过设计建造出能够**吸收多余声音**的建筑表面成功解决了这个问题。

在吸收声音的效果上，敞开的窗户是最好的，它就像一个孔洞吸收光线一样。在估算消声效果时，我们采用的标准单位是一扇 1 平方米的敞开窗户。观众自身的吸声效果也很好，每个人大约相当于 0.5 平方米敞开的窗户。因此就像一位物理学家曾说过的那样，"观众们真的能将演讲者说的话吸收"。同样，一位无法吸收话语的观众确实会给演讲者带来很大的困扰。

当声音被过度吸收掉时，也会造成不好的影响。首先它会使说话声和音乐都变得**沉闷**；其次，它会消除掉过多混响，使周围的声音变得**枯燥且不协调**。如此看来，既不多也不少的混响是最理想的。每座剧院需要的混响程度各不相同，这必须交给建筑设计师来评估。

图 112 剧院内部避免回声的设计

从物理学的角度看，在剧院中还有一个很有意思的地方，那就是**提词箱**。不知你有没有注意到，它们总是有着相同的形状。它的顶部是一个拱形的声音反射镜，相当于一面凹面声镜，它有双重作用：一是能阻止提词员说的话传到观众那里；二是能更好地将提词员说的话反射到舞台上的演员耳朵里。

提问

仔细想一想，生活中有哪些地方需要应用回声？哪些地方又不需要回声呢？

海底回声

用回声来探测海洋深度的方法被发明出来之前，回声一直是毫无用处的，这项发明纯属意外。1912年，著名的巨型客轮"泰坦尼克号"撞上冰山并沉没到了海中，船上的乘客几乎都遇难了。冰川是危险的，首先，它们会因周围环境的影响，变换不同的形状。在晚上航行危险程度更会激增，因为白天我们可以通过肉眼观察，而夜晚时，海面上容易起雾，冰冷的海风会伤害人的眼睛，从而造成视线模糊。其次，如果海面过于平静，船员们也很难通过观察冰川边缘的波浪来发现冰川。

> 泰坦尼克号在夜晚航行，周围因光线昏暗导致能见度低，瞭望员用肉眼观察时没有察觉到危险。

图113 撞向冰山的泰坦尼克号模拟图

当时船上的航海员已经想到了利用回声，在大雾天和夜间来探测航行中会遇到的障碍物，尽管最初的尝试没有成功，但确实提供了一种绝佳的思路，也就是通过海底的回响来测量海洋的深度。

图 114 是利用回声测量海底深度的示意图。首先在船体的底舱引爆一个装置，这样会发出一声巨响，巨响能穿透海水，到达海底并反射回来。这道回声，也就是反射回来的信号，就会被放置在船上的设备记录下来。同时有一台精准的计时器，会记录下船体==从发射出信号到接收回声之间的时间间隔==。

只要知道声音在海水中的传播速度[①]（声音在海水中的传播速度约为 1500 米每秒），我们就能轻松地计算出船体到海底的距离，也就是测量出海洋的深度。

①一般来说，声音在固体中传播速度最快，在液体中次之，在空气中最慢。

图 114 利用回声来探测海洋深度

这种方式彻底改变了测量海洋深度的方法。在此之前，船员们得先将船停下来，将绳子以非常缓慢、**大约每分钟 150 米**的速度放下，且收回绳子时也需要同样的时间。总的来说，这是一件非常烦琐的事情。要测量 **3000 米**深的海洋，将绳子放入海水中，绳子触底大约需要 20 分钟，收回绳子也需要 20 分钟左右，再加上其他动作所花的时间，总共大约需要 **45 分钟**。

图 115 用绳子测海洋深度

在上面的例子中，用回声测量海深仅需几秒钟。此外我们还不需要停船，并且得到的结果非常准确。只要时间的测量精度能准确到 $\frac{1}{3000}$ 秒，那测量结果的误差不会超过 0.25 米。

虽然在海洋学中准确测量深海的深度至关重要，但在近海海域中，能够快速、准确地测量出海深，对于船只安全行驶是非常重要的。

如今，在进行探测时人们使用的已经不是普通的声音了，而是超声波。这种超声波是在交变电场中，利用石英板的振动产生的，人耳根本听不到，因为它的振动频率非常高，达到了每秒几百万次。

拓展延伸

超声波是声波的一部分，是人耳听不见、频率高于 20000 赫兹的声波，它和普通声波有共同之处，即都是由物体振动而产生的，并且只能在介质中传播。通常在这个频率范围内的声音人耳是听不到的，但许多动物都能发射和接收超声波，其中以蝙蝠最为突出，它能利用微弱的超声回波在黑暗中飞行并捕捉食物。超声波还有它的特殊性质，如具有较高的频率与较短的波长，所以，它也与波长很短的光波有相似之处。现在人们会用超声波来扫描器官，用于协助医疗上的诊断及治疗。

图 116 用超声波检测孕妇肚中胎儿的图像

提问

查阅资料，看看超声波在其他地方还有何应用？

为什么蜜蜂会发出嗡嗡声？

我们都听过昆虫飞过的嗡嗡声，为什么会有这种声音呢？毕竟大多数昆虫并没有能够发出这种声音的器官。

这种只有在昆虫飞行时才能听到的嗡嗡声，其实是由昆虫翅膀的振动产生的，其振动频率达到了每秒数百次。

昆虫翅膀在振动的时候，相当于振动的板子，当振动板振动的速度足够大，超过每秒 **20 次**[①]，都会发出某种特定音调的声音。

图117 花海中的蜜蜂养殖箱

[①] 人耳能听到声音的频率的最小值是物体每秒振动20次，频率低于这个数值时发出的声音，人耳听不见。

正是这一点向科学家们揭示了昆虫在飞行过程中，只需要知道昆虫飞行时发出的嗡嗡声的音调，就能确定它们翅膀振动的频率了，这是因为每个音调都对应一种振动频率。在慢动作摄像的帮助下，科学家证实了每只昆虫振动翅膀时的频率几乎是不变的。昆虫在调节飞行角度或方向时，变化的只是翅膀振动的幅度和倾斜角度。也只有在寒冷的天气中，它们才会增加翅膀振动的次数。

这就是为什么我们听到的嗡嗡声似乎永远都保持在同一个声调上。例如，普通家蝇发出的嗡嗡声是 F 调，它们每秒振动翅膀 352 次左右。大黄蜂每秒振动翅膀约 220 次。蜜蜂在没有任何负重时，每秒能振动翅膀 440 次，而携带了蜂蜜时，它的翅膀每秒振动只有 330 次左右。甲壳虫的嗡嗡声听起来更低沉，因为它的翅膀振动速度更慢，而蚊子的翅膀振动频率能达到每秒 500～600 次。

> 为了让你们有一个更直观的感受，我们做个对比，飞机的螺旋桨平均每秒只能转 25 转。

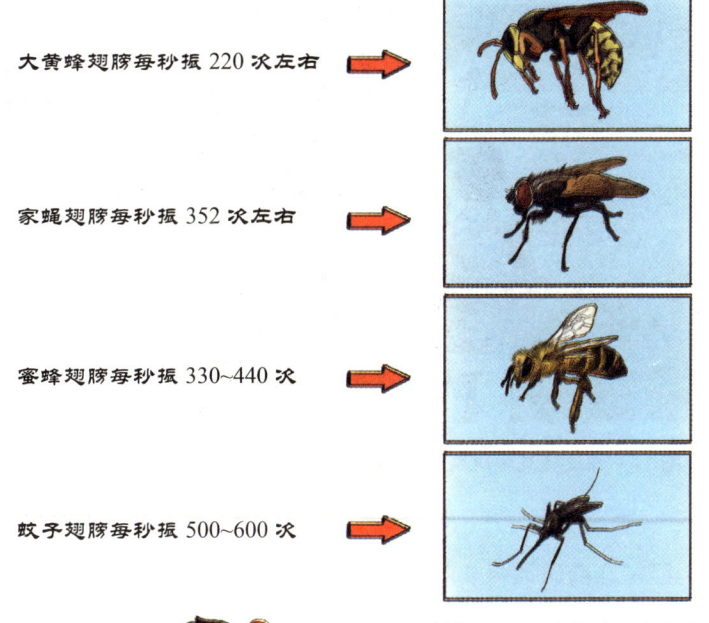

大黄蜂翅膀每秒振 220 次左右

家蝇翅膀每秒振 352 次左右

蜜蜂翅膀每秒振 330~440 次

蚊子翅膀每秒振 500~600 次

图 118 常见昆虫翅膀的振动频率

提问

蜜蜂会发出连续的嗡嗡声，它是怎么发声的呢？你能概括出声音产生的条件是什么吗？

蚂蚱在哪？

在确定声音的传播距离时，我们经常会犯错，同样的，判断声音是从哪个方向传来的，我们的直觉也并不可靠。

> 我们能准确地分辨出枪声是从左边还是右边发出来的，但我们却常常无法分辨出它来自前面还是后面。

图 119 左边还是右边发出的枪声？

图 120 前面还是后面发出的枪声？

我们经常会错误地将从前面传来的声音当作是从后面传来的。在这种情况下，我们只能根据枪声有多响来判断它是近还是远。

从图中其实不难发现，我们能判断出枪声来自左边还是右边，是根据哪只耳朵听见的枪声响度大，枪响就来自哪边。而前后不一样，不管枪响在前还是在后，只要离人的距离一样，听到的响度都是一样的。

接下来我们做一个有趣的实验。让你的朋友带上眼罩，坐在房子的中间，保持静止不动，不要转头。

你取两枚硬币，在他双眼中间所在的垂直平面上互相敲击两枚硬币，让他猜测这个声音是从哪个方向发出来的。

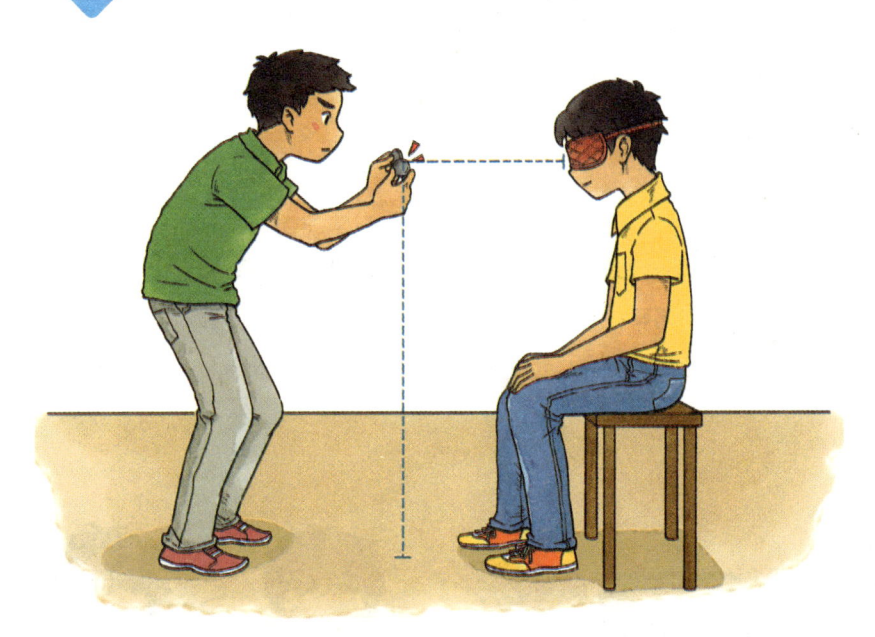

图 121 敲击硬币猜发声处

有趣的是，他可能会指向任意一个方向，除了正前方。不过，一旦两枚硬币从正前方**稍微偏离**了一些，他的猜测就会变得准确许多，因为他离硬币撞击处最近的那只耳朵，会更迅速且更清晰地接收到硬币声。

这个实验也解释了，为什么很难找出鸣叫的蚱蜢。你在距离它们两步远的地方，感觉到右耳听到了尖锐的叫声，但当你转过头时，却什么都没看到。一会儿你又感觉从左耳听到了同样的鸣叫声，你快速转过头，但依然没发现蚱蜢的踪迹。

但实际上，蚱蜢并没有移动过，只是在你的想象中它在到处跳来跳去，这时你已经是听觉幻象的受害者了。因为这时你位于蚱蜢的正前方或是正后方，正如前面的实验展示的那样，这很容易让你在判断方向时出错。

图 122 蚱蜢在哪儿呢？

所以如果你想找出蚱蜢、布谷鸟或其他类似的声源的藏身之所，不应该只是朝着声音传来的方向转头，而是应该**多次转动头部**，就可以找到声源的准确方位，也就是我们常说的"侧耳倾听"。

拓展延伸

双耳效应

假如我们只有一只耳朵，是不是就足够生活了？事实上，与只用一只耳朵相比，双耳共同作用能起到更好的听觉效果。

图 123 双耳比单耳的听觉效果更好

双耳对声音的强度、频率的辨别力均高于单耳，尤其是双耳能够帮助人们判断声源的**方位与空间**分布，这是单耳所比不了的，这也就是所谓的双耳效应。

双耳效应的存在，使人们对不同空间位置的声音产生了不同的方位感和强弱感，因此通过感知周围各种不同的声音，造成的综合体验就会形成声音的"立体感"。交响乐团演出时，由于各类乐器在舞台上的分布不同，演奏出的各种声音混合后会变得立体化，这就是立体声。

图 124 交响乐团正在演奏

立体声技术的发展，让各种立体声产品如立体声磁带、立体声收录机、立体声电视机、立体声广播等得到普及，立体声家庭影院也深受人们的喜爱。所以说，双耳效应为人们带来了声觉上的独特享受。

提问

为什么找出蚱蜢在哪儿那么困难？人应该怎么做才能准确找出它的藏身之所？

耳朵耍的把戏

当我们在啃一块干面包的时候，传来的声音简直是震耳欲聋。但奇怪的是，在我们旁边啃干面包的人却几乎没有发出声音，明明他也在吃同样的东西，这是为什么呢？难道我们发出的咀嚼声只有我们自己听得到，不会打扰到周围的人？

我们在挠头、刷牙、吃脆饼干的时候，听到的这些声音都是通我们的牙齿和头骨传入我们的内耳的。

图125 咀嚼干面包

是的，实际情况就是如此。就像所有有弹性的固体一样，我们的头骨也有良好的传导声音的能力。并且传播声音的**介质越紧密**[①]，最后听见的声音就越响亮。旁边的人在嚼干面包时，他的声音听起来很轻，这是因为他发出的声音是通过空气传播的，传播到你的耳朵时，已经非常微弱了，所以声音听起来就小得多。

[①]介质只有三种形式：气体、液体或固体。紧密指的就是密度大。

同样的声音从你的头骨传到你的听觉神经时，它会变得十分响亮，听起来就像雷鸣一样。原因就在于声音几乎没有减弱。

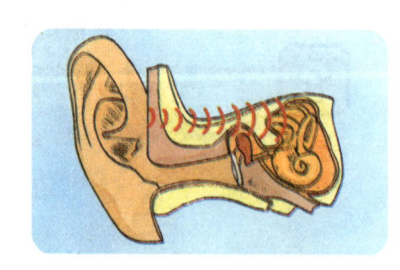

图126 骨头也能传导声音

这一点你还能通过以下实验感受到：用牙齿咬住怀表的表环，并将耳朵罩住。

你的头骨会将怀表的嘀嗒声放大很多倍，听起来就像重锤不断往下砸的声音。

图127 咬住怀表表环

据说失聪的贝多芬就是通过这种方式听到钢琴声的。

他将铁棒的一端放在钢琴上，另一端咬在嘴里来听自己的演奏。

当然前提是<mark>内耳没有任何损伤</mark>，内耳若没有损伤，即使是聋人也可以配合音乐一起跳舞，因为音乐声可以通过地面和头骨传达到他们的听觉神经，引起听觉反应。

图128 贝多芬听自己演奏

提问

为什么自己录下来的声音有点不像自己平常说话的声音呢？

听觉错觉

当我们听到一个微弱的噪音,并且想象它来自**很远的地方**,这时噪音**会显得更响亮**。我们经常会陷入这种错觉当中,但很少有人会去注意。美国科学家威廉·詹姆斯在他的著作《心理学》中就讲述过一个有趣的案例:

一天夜里,我正坐在房间里看书,突然听到楼上传来一阵噪音,可怕的巨响充满了整个屋子。不一会噪音变小了,但很快又大了起来。我走到客厅去寻找噪声来源,但噪音消失了。然而当我回到房间里准备坐下时,它又出现了,低沉、有力且令人恐慌,就像从四面八方涌来的洪水一样将我包围。我烦躁地再次走到客厅,紧接着噪音再一次停了下来。等我第二次回到房间时才发现,这不过是躺在地板上熟睡的苏格兰梗犬发出的呼吸声。一旦我意识到这是它发出来的声音,那个噪音就完全变了,再也不会给我带来之前的那种错觉了。

你是否也有过类似的经历?至少我曾多次经历过这样的情况。

提问

文中所叙述的故事中,主人公为什么产生了幻听?

本章科学小实验

看得见的声音

我们每天可以听到各种各样的声音，那么同学们知道声音也是可以看得见、摸得着的吗？话不多说，一起进入今天的实验小课堂。

图 129 保鲜膜上跳动的食盐

【实验道具】

保鲜膜、一个小碗、食用盐、一把剪刀、一部手机

【操作步骤】

（1）取适当的保鲜膜蒙住碗口，并往保鲜膜上撒少许的食用盐。

（2）对着碗口的保鲜膜大声喊："啊……"，观察食用盐的情况。

（3）手机播放音乐放入碗里，用保鲜膜蒙住碗口，并往保鲜膜上撒上一些食用盐，看看有什么现象发生。

【科学原理】

我们可以看见食盐在保鲜膜上跳动。当人发出声音或者音乐响起时，就引起碗附近的空气振动，进而让保鲜膜也跟着一起振动，于是我们看到保鲜膜上的盐也跳动起来。另外，声音越大，物体振动幅度也越大，所以改变音乐声音的大小，也会相应改变盐粒振动的幅度。

113

水杯琴

杯子也可以用来演奏乐曲，这是真的吗？我用多年喝水的经验告诉你，是真的。事实上，不论是何种乐器抑或不同的演奏方式，乐器的发声原理都是一样的——通过振动发出声音。本章讲过，振动的频率不同，所发出的声音的音调也会不同，那么如何改变杯子的振动频率呢？带着问题，一起进入今天的科学小实验吧！

图 130 往杯子里加不同水位的水

【实验道具】

一壶水、五个玻璃杯、一根筷子

【操作步骤】

（1）将水壶里的水依次倒入杯子里且水的高度不一，从左往右依次递减。

（2）然后从左往右用筷子依次敲打每一个杯子，会发现音调逐步攀升。

（3）你可以来回微调杯子里的水位，找到你想要的音阶。

（4）接下来你就可以用筷子来演奏一首你喜欢的歌曲了，自己动手试一试吧。

【科学原理】

声音是由于物体振动产生的，敲击杯子时，杯身振动发声。而由于水的存在起到阻碍的作用，装水越多的杯子振动就会越慢，音调就越低。

不同频率的声音，在人耳听来就是音调不同。因此，按照合适的比例调整水量，你就可以得到一个低配版的"水杯琴"了。

图 131 敲击不同水位的杯子，发出声音的音调不同

比如，编钟也是通过振动而发声。钟体小，音调高，音量小；钟体大，音调低，音量大。而且，编钟的音色也非常丰富，像曾侯乙编钟音域就能够跨越五个八度，只比现代钢琴少一个八度。在传统的编钟演奏中，一般会需要4~5个人同时演奏才会产生美妙的音乐。

图 132 编钟

吸管洞箫

吸管是我们平常喝饮品时常用到的工具，也是一种可以反复利用的小工具，可以用来做各种好玩的东西。今天，我们将用一根普通的吸管去制作一件我们民族的代表性乐器——洞箫。如果你也感到好奇的话，下面让我们一起进入今天的科学小实验，去一探究竟吧！

【实验道具】

一把剪刀、一根吸管

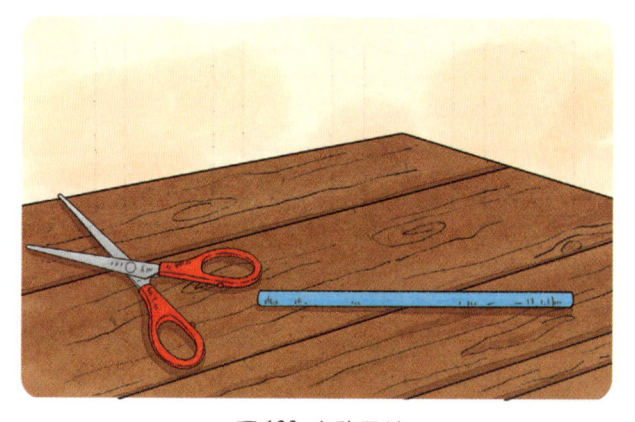

图 133 实验器材

【操作步骤】

（1）把长吸管剪成 10 厘米左右，吸管的一端用手指压平后，两边各斜剪掉 0.5~1 厘米，使开口呈三角形。

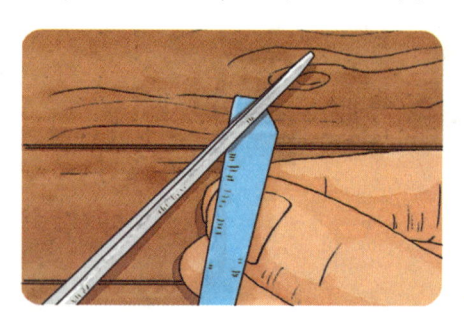

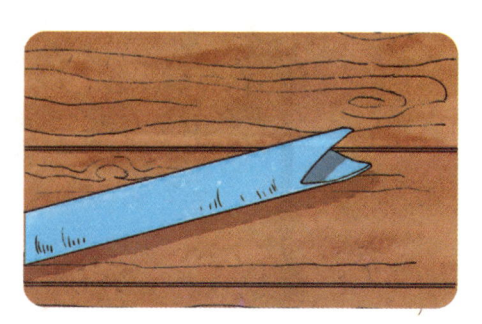

图 134 吸管一端剪成上下两片振动片

此时你可以试一下，把吸管放在牙齿之间，然后用嘴唇轻轻含住吸管尖端后再吹气以使三角形尖端产生振动，这样就会有声音发出来。

（2）把吸管中间弯曲后剪出一个小三角形凹槽，打开后，会出现菱形的小孔状，这是洞箫的孔。

图 135 吸管中间的菱形挖孔

图 136 制作完成

（3）你可以用同样的方法，再剪一个菱形的小孔。这样就完成了一个用吸管做成的洞箫。

提示：向吸管内吹气时，不可用力猛吹，而要用嘴唇轻轻含住吸管尖端后再吹气。吹气时让吸管上的两塑料片快速振动。吹气时用手指轻轻按住不同的小孔，就会发出高高低低的声音！

117

(4) 试着把吸管剪成不同的长度，看看声音会发生什么变化。也可以试着改变小孔的位置，看看在不同位置时音调有什么差别。

图 137 用制作好的洞箫演奏

【科学原理】

物体振动会产生声音。吸管前端两片尖尖的塑料，在人吹气时会快速振动，它和吸管内的空气共鸣而发出声音。当吸管的长短不一、吸管上的小孔位置不同、吹气时手指按住不同的小孔时，管内振动的空气柱的长短就不一样，发出的声音也不同。吸管内的空气柱越长，振动就越慢，发出的音调越低沉；反之，吸管内的空气柱越短，振动比较快，发出的音调越高亢。

参考答案

第一章提问

第3页

【解答】船闸、涵洞、洗手盆、地漏与下水管道之间的U形弯管、锅炉水位计、自动喂水器等。

第5页

【解答】当灯罩中不是注入水，而是注入其他密度的液体时，那么就会出现灯罩中的液柱高度与罐中水的高度不齐平，纸片下落的现象。

第7页

【解答】不能平衡。这时铁球对杯子底部没有压力，浮力大小是不变的，相比于将铁球直接放入杯子里，明显这时杯底受到的压力变小了，即铁球这边的秤盘要上升。

第9页

【解答】橄榄油密度大小在水和酒精之间，它不溶于水，也不溶于酒精，若取适当比例的水和酒精混合，让混合液的密度与橄榄油密度相等，那么此时橄榄油基本处于"失重"状态，会悬浮在酒精溶液中间。此时看到的橄榄油液滴是标准的球形，为了让混合液密度恰好等于橄榄油密度，就需要缓慢加水进行微调。

第11页

【解答】步枪子弹变为尖头后，它更加细长、尖锐、流线型更好，飞行阻力自然小于圆头子弹，这样更有利于子弹的飞行，提高步枪的有效射程。在战场上，步枪射程远是至关重要的。

第13页

【解答】一枚一元硬币的体积为 $\frac{3.14\times(25)^2\times2}{4}\approx981$ 立方毫米，水杯里能放入一元硬币的数量为 $\frac{6400}{981}\approx6.5$ 枚，即最多为6枚。

第 15 页

【解答】 可以在盛装容器表面涂上纳米涂层，纳米涂层可以填充容器中肉眼看不见的孔隙，从而具有疏油的性能。

第 17 页

【解答】 可以滴一滴洗洁精到水面，你会发现原本漂浮在水面的针会自己沉入水底。

第 19 页

【解答】 还有用油类使细矿粒团聚进行浮选的油团聚浮选和乳化浮选，以及利用高温化学反应使矿石中金属矿物转化为金属后再浮选的离析浮选等。

第 21 页

【解答】 若绳子两端绑上有相同重量的重物，滑轮此时应该是静止的。如果人为给一端的重物一个向下的速度，那么此重物应该是一直下滑，直至落地。不可能一会下滑，一会上升，除非有外力不停干预。

第 27 页

【解答】 刚开始肥皂泡内是人吹出的气体，气体温度较高，根据热胀冷缩可知，此时肥皂泡体积较大，受到的空气浮力也大，所以在空中上升。随着温度降低，肥皂泡体积开始收缩，受到的空气浮力自然也减小，所以又会下降。

第 29 页

【解答】 1 根头发丝的厚度：1 厘米÷200=0.005 厘米；肥皂泡薄膜的厚度：0.005 厘米÷5000=0.000001 厘米 =0.00001 毫米 =0.01 微米。

第 31 页

【解答】 燃烧的纸加热了杯中的空气，杯中气压升高，部分空气被挤了出去。等到纸熄灭后，空气冷却下来，杯中气压降低，小于外界的大气压，大气压将盘中的水压进杯子里。

第 37 页

【解答】 人是不会飞起来的，根据阿基米德原理，此时空气给你的托力应等于你身体排开的空气的重量，而排开的空气的重量要小于你衣服的重量，所以是不可能飞起来的。

第 39 页

【解答】"永动机"是违反能量守恒定律的，机器运转，能量有损耗就要不断补充，否则机器将停止运转。而"永动机"妄想在不补充能量的情况下让机器永远运转，显然是不切合实际的。"免费能源"机器首先不违反能量守恒定律，它是利用能量转化的方式，将外界能量纳为己用，理论上是成立的，当然有被制造出来的可能。

第 41 页

【解答】可以将物体用防水塑料套起来，类似雨衣功能；还可以在需要干燥的物体周围铺一些碱石灰，碱石灰具有吸水性，能防水防潮。

第 42 页

【解答】要知道，天平放在真空环境下，将不会有空气损失的重量。很显然，棍子的体积要大于砝码，在空气中，棍子损失的重量要大。所以当放在真空中，棍子的重量再加上在空气中损失的重量要大于砝码的重量和其在空气中损失的重量之和，天平不平衡，砝码端要上升。

第二章提问

第 47 页

【解答】第一种方法是给铁轨轨底留出空间，当升温时，整个铁轨膨胀，只要我们让铁轨膨胀的方向朝向轨底，铁轨表面和火车接触的部分就不受影响；第二种方法是用高强度的弹性扣件将铁轨牢牢固定在枕木上，枕木固定在地面，即使铁轨出现伸缩，也能较好地被固定住，不会出现松动。

第 49 页

【解答】钢铁造的桥在温度变化时会热胀冷缩。因此，铁桥通常都架在滚轴上，且桥梁和桥墩路面连接处要留有一定缝隙。

第 51 页

【解答】我们知道，每当温度变化 1 摄氏度，都会让铁轨增减约等于

121

其自身 $\frac{1}{100000}$ 的长度。输电铁塔的高度是25米，温度变化1摄氏度，铁塔的高度变化0.25毫米，当天的气温波动范围是10~34摄氏度，温度波动了24摄氏度，也就是铁塔的高度变化了0.25毫米×24=6毫米。

第55页

【解答】 厚杯壁的玻璃材质茶杯更容易因"热胀冷缩"而碎裂。我们应选择薄壁的茶杯或者石英材质的杯子。

第57页

【解答】 首先人是恒温动物，体温变化幅度不大，最多1~2℃；其次人体的骨骼或者肌肉的膨胀系数只有万分之几，非常小。所以当外界温度变化时，人体的体积变化不大。

第59页

【解答】 往祭坛中充气或往水桶里直接灌水，都可以触发机关打开庙门。

第61页

【解答】 不划算。第一，这两种钟表的结构都比普通的钟表复杂，但是带来的唯一好处仅仅是不用手动上发条，获得的好处与付出不对等；第二，由于结构比较复杂，那么制造的成本自然就高，况且功能性不强，性价比不高，市场前景不好。

第63页

【解答】 家中的挂壁空调一般安装在墙壁较高处。因为这么安装，制冷效果最好。当空调吹出冷空气，冷空气会下沉，热空气会上升，这样冷空气就会裹住整个空间，使空间温度迅速降下来。

第65页

【解答】 太阳光照射在地球表面上，使地表温度升高，地表的空气受热膨胀变轻而往上升。热空气上升后，低温的冷空气下沉，上升的空气因逐渐冷却变重而降落，由于地表温度较高又会加热空气使之上升，这种空气的流动就是风。

第 67 页

【解答】 可以用另一只手去靠近纸张；也可以在原来手指附近放一杯热水。

第 71 页

【解答】 泡沫可以拿来用作保温材料，因为泡沫内部有较多缝隙，缝隙中填充着空气，空气的导热性能很差，所以泡沫是能起到保温作用的。

第 73 页

【解答】 越深入地底，温度波动就越小，而且通常都不会在 0 摄氏度以下，所以不会被冻住。

第 77 页

【解答】 用锡焊接的铁壶烧水时，壶内水达到沸点时，壶内水的温度保持不变，此时用铁壶继续加热，水温度仍然保持不变，因为热传递的缘故，水与铁温度近似相等，这个温度即为水的沸点，还远远达不到锡的熔点，因此壶不会被烧坏。

第 81 页

【解答】 滑雪板与雪地的接触面积是比较大的，这样做是为了减小压强，从而防止滑雪时整个脚陷入雪中。此外，滑雪板的底部通常是光滑的，这也有助于减少滑雪板与雪地之间的摩擦力。

第 85 页

【解答】 太阳几乎直射地球赤道，而在更高纬度的南北极，太阳光线照射到两极的角度几乎为 0 度，所以太阳在天空中保持在较低的位置，温度会相对较低。

第 86 页

【解答】 人眼所能看见的光的色彩都是由物体散射发出的，烟雾的颗粒本身不是蓝色，只是由于颗粒反射了太阳光中的蓝光，所以人看见的香烟烟雾是蓝色的。

第三章提问

第 93 页

【解答】拍掌后1.5秒听见回音，说明声音传播到障碍物的时间应该是0.75秒，那么人和障碍物之间的距离为340米/秒×0.75秒=255米。

第 95 页

【解答】看见火车车头冒白烟，说明此时火车已发出汽笛声，过了1.5秒后人才听到汽笛声，说明人和火车之间的距离为340米/秒×1.5秒=510米。

第 97 页

【解答】耳机麦克风接收周围的噪声，传给芯片，再让扬声器发出一个与噪声一样，但相位相反的声音，从而与原噪声相互抵消。

第 99 页

【解答】回声的应用：回声测距；回声的防止：剧院歌舞厅室内设计。

第 103 页

【解答】超声波雾化喷涂、超声波靶材焊接、超声波切割、超声波清洗等。

第 105 页

【解答】蜜蜂翅膀振动频率比较高；声音是由物体振动所产生的。

第 109 页

【解答】若蚱蜢在我们的正前方或正后方，它发出的声音会同时进入人耳，人耳无法确认其方位。这时候人只需要来回摆动几次头，直到左右耳感受到不同的声音强度，就能找出蚱蜢的位置了。

第 111 页

【解答】听录音时，声音一般是通过空气进行传播，在传播过程中，声音受环境等因素影响，能量会大量衰减，音色也发生改变。而平时自己说话的声音，通过头骨直接传达到内耳，声音改变较小，所以会感觉不一样。

第 112 页

【解答】一种突然袭来的声音引起了某种心理暗示，使大脑从记忆中提取错误的声音信息，并进行放大，从而导致幻听。